RÉFUTATION

DU

TRANSFORMISME

OUVRAGES DU MÊME AUTEUR :

L'INDUSTRIE DES EAUX SALÉES. Dissertations critiques sur la pêche, l'ichtiologie, la culture du poisson et le le régime maritime. In-8°. . . . . 6 fr. »

LA MER ET LES POISSONS. In-8°. . . . 1 fr. 25

DE LA PÊCHE COTIÈRE EN FRANCE. In-8°. . 1 fr. »

LA LÉGISLATION MARITIME attaquée au nom de l'aquiculture. In 8°. . . . . 1 fr. »

LA PÊCHE COTIÈRE DANS LA MÉDITERRANÉE (Extrait de la *Revue maritime et coloniale*. . . . . 1 fr. »

Imprimerie Briis, C. Paillart et Retaux

RÉFUTATION

DU

TRANSFORMISME

OU

LES THÉORIES DEVANT LES FAITS

DANS LA QUESTION DU DÉVELOPPEMENT DE LA VIE
SUR LE GLOBE.

PAR

J. B. A. RIMBAUD

ANCIEN OFFICIER DU COMMISSARIAT DE LA MARINE
CHEVALIER DE LA LÉGION D'HONNEUR

Auteur de *l'Industrie des eaux salées, de la mer et les poissons*, etc.

PARIS

CHALLAMEL AINÉ, LIBRAIRE-ÉDITEUR

DÉPOSITAIRE DES CARTES ET PLANS DE LA MARINE

30, rue des Boulangers, et rue de Bellechasse, 27

CHEZ TOUS LES LIBRAIRES DE FRANCE ET DE L'ÉTRANGER

1873

PREMIÈRE PARTIE

RÉFUTATION

DU

TRANSFORMISME

PRÉMISSES

Les théories de l'école transformiste. Point capital de la discussion. Recherche des preuves par M. de Quatrefages.

Si la permanence de l'espèce, dans les deux règnes vivants, n'a été, jusqu'à ce jour, qu'une erreur de nos sens abusés par l'apparente fixité de la nature, la théorie de la transformation, que l'on veut substituer à celle de l'immutabilité, n'est pas toutefois acceptée de la même manière par les savants et les philosophes qui repoussent la doctrine de l'harmonie préétablie et des causes finales.

Les uns, disciples de Lamarck, prétendent que la constitution des êtres est sujette à changer lentement avec les conditions de la vie et sous l'influence d'une novation dans les besoins, les habitudes et la volonté individuelle, cette novation produisant des variations organiques qui passent héréditairement des ascendants aux descendants et s'accroissent d'une façon imperceptible, mais sûre, à chaque génération. D'autres, avec M. Darwin, admettent, outre ces causes, la sélection naturelle qui en accumulerait régulièrement les effets. D'autres, encore, ainsi que Étienne Geoffroy-Saint-Hilaire, s'en tiennent à l'influence des milieux, et, niant toute action de l'animal sur ses caractères spécifiques, croient à la possibilité d'une brusque variation de l'espèce par le seul effet des causes ambiantes. Il en est enfin, et c'est le plus grand nombre, qui se bornent à affirmer la transformation selon un mode quelconque, graduel ou soudain, d'abord parce que l'analogie de structure leur parait être une preuve irrécusable de la communauté d'origine entre tous les êtres organisés, et, ensuite, parce qu'il leur semble impossible que les espèces soient restées immuables pendant l'évolution de la planète.

Au dire de presque tous, les lois qui président au gouvernement de la vie ne seraient que des règles inconscientes, sans direction réfléchie et d'une autorité incertaine, des filles du hasard qui, tout aussi aveugles et tout aussi capricieuses que leur père, émettraient des principes, non pour en imposer les conséquences, mais pour les laisser agir aventureusement, tantôt au gré d'une impulsion indécise, tantôt sous l'influence réfractaire de leurs résultats dévoyés.

C'est que, en effet, pour la plupart des transformistes, sinon pour tous, le pouvoir de varier les formes et les aptitudes fonctionnelles, chez les corps vivants, résiderait moins dans l'essence que dans les manifestations de la vie; l'effet entraînerait la cause dans des suites qu'elle ne comporte pas originellement, et, comme si l'établissement des lois primordiales et l'origine lente ou brusque des choses n'offraient rien de mystérieux, ils veulent, à toute force, exclure le miracle de l'organisation universelle, en prétendant expliquer cette inimitable ordination ainsi que ferait un mécanicien de l'agencement de la machine artificielle dont il est l'auteur.

Dans cette voie, par une prodigieuse audace et à l'aide de la sélection naturelle, on va jusqu'à faire descendre les deux règnes organiques, soit d'une seule forme primitive intermédiaire aux animaux et aux plantes, soit de deux souches au plus, d'où seraient nées la faune et la flore.

M. Broca, désignant par une appellation spéciale chacune des doctrines principales qui se partagent les suffrages des croyants à la transformation, donne le nom d'oligogénie au transformisme qui admet, pour les deux règnes, plusieurs origines déterminées, celui de monogénie au transformisme qui ramène, par la sélection naturelle, tous les embranchements de la zoologie et de la botanique à un ancêtre commun, et enfin celui de polygénie au transformisme attribuant l'apparition des êtres à un nombre encore inconnu, mais considérable, d'origines distinctes, multiples dans le temps, multiples dans l'espace, multiples aussi dans leurs formes primordiales. Le savant anthropologiste, qui ne croit pas l'espèce inflexible, inclinerait plutôt vers le transformisme polygénique que vers l'oligogénie ou la monogénie.

Mais quelle que soit la réserve ou la témérité des

formules diverses d'une école philosophique où la fantaisie et l'hypothèse se donnent libre carrière, le transformisme revêt, à nos yeux, l'aspect d'une doctrine trop hardiment assise sur des soupçons que rien ne justifie, que tout désavoue, au contraire, dans la régulière et sûre économie de ressorts constituant l'empire organique tel que nous le connaissons.

Et, en effet, si nous consultons, avec un peu de soin, la portée évolutive des actes de la nature, dans le présent et dans le passé aussi loin que les connaissances humaines nous permettent d'y fouiller, nous arrivons inévitablement à nous pénétrer de la conviction que la force chimico-physique à laquelle la matière organique doit la diversité de ses formes, de ses aptitudes fonctionnelles, de ses adaptations, doit exister, intégrale et immuable, dans le principe de vie qui l'a tirée de la confusion chaotique.

Nous n'hésitons point à le proclamer, au début de cette étude, dans les faits qui se produisent sous notre regard, comme dans ceux des faits antérieurs dont l'examen est praticable, tout démontre la souveraineté unique et l'action indéviable que la substance incorporelle d'où découle la vie exerce sur la forme et la manière d'être de tout ce qu'elle a vivifié, rien ne laisse concevoir l'idée de ces graduelles ou brusques métamorphoses qui, selon les doctrines de l'évolution et de la dérivation, auraient substitué les produits de l'époque actuelle à ceux des âges antéhistoriques.

D'ingénieuses suppositions, présentées avec art, peuvent séduire l'esprit ; les faits seuls ont le privilége d'entraîner la conscience. Notre esprit est sous le charme pendant que nous lisons Lamarck ou Étienne Geoffroy-Saint-Hilaire et surtout M. Darwin ; mais notre conscience n'est nullement ébranlée. Pour elle, des théories fondées sur des données purement hypothétiques, ne sauraient prévaloir contre la vérité évidente, nous voulons dire contre la vérité qui se dégage des faits.

Les évolutionnistes soutiennent que tout se transforme dans les développements de la vie sur le globe. Entre cette assertion et les faits il existe un abîme de différence, celui qui sépare une présomption de ce que l'on appelle une certitude. Aussi affirmons-nous, sans hésiter, que rien ne se transforme et que, au contraire, tout est immuable dans les deux règnes vivants. Cette stabilité ressort, pour ainsi dire matériellement, de l'existence d'un grand fait, celui de l'invariabilité des espèces au moins dans l'âge présent.

Mais, dit-on, les espèces ont varié et se sont transformées dans les âges passés. Pour nous, cela est incertain et n'est pas même probable. Ce qui est vrai, ce qui est certain, c'est qu'aucune espèce, pas une seule, n'a bronché, *en tant qu'espèce*, depuis le commencement de la période où nous sommes. Or, il n'est pas logique de conclure au mouvement alors qu'on est en présence de l'immobilité.

Quelques-uns trouveront que notre opinion, à ce sujet, est trop exclusive et, peut-être, en arrière des prétendus progrès de la science. Il est vrai que nous ne sommes pas avec la science qui a marché trop vite.

Avant de nous lancer dans les voies de l'inconnu, nous regardons prudemment à nos pieds, afin de voir si nous ne serions pas menacé de tomber dans un puits, ainsi que l'astrologue de la fable ; mais ce n'est pas à dire, pour cela, que nous soyons avec l'ignorance qui n'entend point sortir de l'ornière des traditions surannées.

Tandis que les partisans de la transformation font avec talent de la métaphysique, nous faisons tout simplement, nous, de l'histoire naturelle. Nous étudions les lois qui président à la vie, non avec l'espoir d'en découvrir la cause première, mais dans le seul but d'en constater les résultats. Nous ignorons comment la vie et la matière sont sorties du chaos, laquelle des deux procède de l'autre et par quel mystère elles s'unissent en une infinité de formes partant d'un principe commun pour aboutir à des conséquences différentes, mais coordonnées dans la plus exacte mesure. Nous ne savons pas, non plus, si c'est là une œuvre réfléchie, réellement combinée et qui fasse penser à une intelligence créatrice, ou bien, si c'est, comme on le dit, l'ouvrage du hasard, un pur effet des forces vives qui se dégageraient de la matière ; mais ce qui ne nous échappe point, c'est que l'alliance de la vie et de la matière a, partout et toujours, un objet intrinsèque, spécifiquement limité, inaltérable.

La fixité de l'espèce, tel est l'impasse que rencontre sur son passage toute théorie transformiste, qu'elle admette le procédé lent ou le procédé brusque, la double souche ou la souche unique de dérivation. C'est là réellement qu'est le point capital d'une discussion qui menace d'être inépuisable, faute d'avoir été renfermée dans ce dilemme qui s'impose tout d'abord à la réflexion : ou l'espèce ne change pas et alors la transformation n'est qu'une rêverie scientifique, ou bien l'espèce est variable, et, dans ce cas, pour démontrer la vérité de la transformation, il n'est besoin que d'en citer un exemple vérifiable.

Cet exemple, où peut-il être ? Un éminent naturaliste, aussi consciencieux que savant, M. de Quatrefages, l'a minutieusement cherché et dans la nature et dans les écrits des plus hauts représentants d'une idée synthétique qui s'est répandue, sous diverses formes, après avoir germé dans le laboratoire du physicien Needham, ce créateur d'anguillules dont les expériences ont, dans le temps, excité la verve railleuse de Voltaire. M. de Quatrefages en eût été pour sa peine, si les travaux d'un tel esprit n'avaient toujours leur côté utile et si l'insuccès de ses laborieuses recherches ne l'avait convaincu que l'imagination joue un plus grand rôle que l'observation dans toutes ces théories évolutionnistes, dont les auteurs croient ou feignent de croire démontré ce qui ne l'est pas, affirment le mouvement sans le prouver, nient la fixité contre l'apparence, prétendent expliquer les effets par des causes qui n'ont aucune proportion avec eux, n'opposent que de simples suppositions au témoignage des faits.

Non-seulement on n'administre pas la preuve de la

variabilité de l'espèce, mais on ne s'entend même pas
sur l'étendue et sur les moyens de la transformation,
les deux points principaux de la doctrine. Les vues
sont si divergentes lorsqu'il s'agit de saisir le point de
départ et la cause génératrice de l'évolution entre-
vue que maîtres et condisciples se séparent pour
prendre des voies différentes dans le vaste champ
des conjectures.

Tel mixtionne le système Lamarck avec le système
Darwin. Tel autre ajoute ou retranche une hypothèse,
tantôt ici, tantôt là. Les plus hardis amplifient sans
mesure le système qu'ils ont préféré ou s'en font un
qui satisfasse mieux leur imagination. Autant de cer-
veaux livrés à la préoccupation de la généalogie des
choses, autant de combinaisons qui s'excluent réciproquement. Il y en a eu grand nombre de Robinet et
de de Maillet à Lamarck, d'Étienne Geoffroy-Saint-
Hilaire à M. Darwin et à M. Wallace, de ces derniers
à M. Haeckel, à M. Vogt, etc., etc.

« La proclamation enthousiaste du dogme de l'évolution en devenant comme le mot d'ordre des écoles
avancées d'outre-Rhin, fait remarquer M. Ch. Grad (1),
a toutefois produit des hérésies inévitables parmi
tant d'hommes jaloux surtout de mettre en évidence,
avec leur originalité, l'indépendance de leur esprit.
Rien de plus curieux que de comparer, tour à tour,
pour l'interprétation de l'évolution du monde organique, les écrits de Haeckel et de Wagner, de Vogt,

____

(1) *Revue des cours scientifiques*, 1873, n° 47.

de Büchner et des autres maîtres. Tout ce gâchis spéculatif ne nous apprend malheureusement rien de nouveau. L'origine des espèces est aussi obscure aujourd'hui que du temps de Cuvier et de Geoffroy-Saint Hilaire. »

Nous ne saurions nous empêcher de trouver très-singulier qu'un enseignement ayant la prétention de puiser sa force dans une vérité d'essence matérielle se répande en schismes qui aspirent à synthétiser chacun particulièrement l'ouvrage de la nature, se critiquent et se persiflent les uns les autres, au détriment de l'idée qui leur est commune ; mais ce qui nous paraît encore plus étrange, c'est que mettant, comme l'on dit vulgairement, la charrue avant les bœufs, on s'applique à définir et à décrire les facultés transformatrices de l'espèce, avant d'avoir acquis la certitude que l'espèce se transforme réellement.

Que de peine perdue s'il est vrai et s'il est possible d'établir que le type spécifique ne change pas ! Essayons, quoique ce soit une tâche bien difficile que de défendre la vérité contre l'erreur accréditée par le talent. Mais ne savons-nous pas qu'une conscience sincère peut toujours servir efficacement la vérité, en s'appuyant sur la raison et sur l'expérience ? S'il faut de l'art pour édifier une œuvre de fantaisie, on peut se passer de ce secours lorsqu'il s'agit moins d'examiner de solides arguments que de brillants paralogismes. Pour renverser des hypothèses et des assertions en l'air, il doit suffire de leur opposer la réalité des choses.

Ce n'est pas, d'ailleurs, pour les savants que ce livre est écrit ; nous nous proposons un objet bien autrement utile, celui de vulgariser la question de l'origine des espèces en la traitant de manière à la rendre compréhensible pour la masse des lecteurs, à exciter leur curiosité et à tenir leur bon sens en éveil contre d'aventureuses suggestions scientifiques.

Coup d'œil rapide sur la création du monde. Physionomie des âges de la terre. Supputation géologique de l'âge de l'humanité.

Depuis le siècle dernier, les découvertes paléontologiques se succèdent toujours plus étendues et toujours plus précieuses. Jusque-là, le problème de la création, agité à des époques différentes et en diverses contrées de l'ancien monde, n'avait abouti qu'à des solutions ou purement religieuses, ou, tout à la fois, religieuses et politico-philosophiques, les unes se résumant en des traditions légendaires d'une naïveté primitive que ne sanctionnaient ni l'astronomie, ni la géologie, les autres reposant sur des considérations métaphysiques peu faites pour répandre la clarté sur le côté matériel de la question. Expliquer l'origine des choses était plutôt affaire d'imagination que de vérité, pour l'auteur d'un code de morale ou pour le fondateur d'un système théologique.

Il était réservé à la science moderne de déchirer le voile jeté par le temps sur quelques-uns des mystères de la formation du monde. Grâce à la physique, à la chimie, à l'astronomie, et surtout à la géologie, les générations actuelles en savent bien plus long, à cet égard, que n'en avaient peut-être jamais soupçonné nos ancêtres, même les plus rapprochés du berceau de l'humanité.

Sans doute, il y a et il y aura éternellement moins de certitude que de probabilité dans les spéculations physico-astronomiques par lesquelles les initiateurs d'aujourd'hui, à ces grands secrets de la nature, assignent à la terre un commencement pareil à celui d'un tourbillon gazeux, immense nébulosité diffuse, détachée d'un anneau solaire et qui, entraînée dans le mouvement rotatoire, va, à travers des myriades de siècles, se condensant, peu à peu, autour d'un noyau central en ignition et qui est comme une sorte de creuset chimique où s'élaborent les premiers éléments de la vie du globe.

Sans doute encore, il y a plus de vraisemblance physiographique, plus de présomption que de réalité sûre, dans l'opinion aujourd'hui admise par la science, touchant les actions chimico—mécaniques qui, se dégageant de cette fournaise en travail d'enfantement d'un monde et combinant leurs causes et leurs effets, de l'intérieur à l'extérieur, pour transformer les vapeurs en matières concrètes, ont successivement moulé les couches de la carcasse terrestre, le gneiss, le micaschite, le taleschite, puis fondé sur ces assises, le sol primordial, ces terrains sédimentaires qui furent le siége des premières apparitions de la forme animée.

Mais si c'est à l'aide de données plus conjecturales que fondées sur une parfaite connaissance des lois de la nature que l'on se fait une idée, à peu près exacte, des voies et moyens de la création, antérieurement à l'époque où la matière est devenue organique, il est néanmoins certain que, à partir de ce moment, les actes de la genèse du globe ont laissé, de leur émission, des traces, parfois si profondes, que le géologue consulte ces vestiges avec le même fruit que l'historien peut retirer de l'examen des monuments élevés par les nations disparues dont il veut écrire l'histoire.

Et, en effet, la géologie est à l'histoire de la création du monde ce que l'archéologie est à l'histoire de la civilisation des peuples. Si celle-ci nous met à même d'apprécier le degré de culture des sociétés humaines qui ont précédé la nôtre, celle-là nous initie au secret des révolutions du globe dans les temps où l'homme civilisé n'existait pas encore.

Ce qui ressort péremptoirement des études géologiques et ce qui, tout d'abord, frappe l'attention du zoologue et du botaniste appliqués à la recherche de l'origine des espèces animales ou des espèces végétales, c'est l'absence, non d'un certain air de famille, mais de liaison héréditaire, de parenté immédiate, dans un assez grand nombre des genres qui se succèdent modifiés, soit dans les classes d'un règne, soit dans celles de l'autre règne, de la première à la dernière des grandes divisions conventionnelles de l'âge de la terre, et c'est, en même temps, la disparition complète ou le rapetissement selon une échelle de proportions à laquelle tout est finalement ramené, de types caractérisés à leur origine par une grande ampleur de formes. Ce que le zoologue et le botaniste voient aussi, par un coup d'œil général sur les principaux débris recueillis dans chacune des couches de la terre, c'est que chaque période cosmique a eu sa faune propre et sa végétation spéciale, c'est-à-dire une combinaison d'animaux et de plantes organisés pour vivre dans les milieux qui les avaient produits.

D'un autre côté, ces études leur apprennent que la répudiation des grandes formes animales ou végétales précédemment émises coïncide invariablement, de la première à la dernière époque géologique, avec un exhaussement universel du sol se produisant sur certains points par masses alluviales brusquement ou lentement accumulées, et sur d'autres par l'action d'un travail chimico-physique qui vient ajouter, au volume de la planète, une nouvelle couche sous laquelle semble s'être enfouie la surface antérieure avec ce qu'elle avait porté. Enfin, pour peu que leur curiosité scientifique les pousse à analyser l'essence de chacune des strates, à en sonder l'épaisseur, à mesurer la masse dense de détritus minéralisés qu'elle renferme, dans quelques parties de son étendue, et le niveau auquel se trouvent les ossuaires de la période correspondante, il leur paraîtra que des bouleversements dus à l'eau ou au feu, et peut-être à des déviations de l'axe de la terre, ont à plusieurs reprises interrompu et défait, au moins partiellement, l'œuvre extérieure de la création, qu'une mort violente atteignant et frappant tout, alternativement, sinon d'un seul coup, sur des parties de la surface, a seule pu produire ces immenses dépôts de houille, où la civilisation moderne puise l'aliment de l'une de ses plus grandes forces industrielles, et entasser pêle-mêle, sur un même plan, tant de vestiges animaux.

Et, assurément, à voir cette succession d'étages géologiques (1) effaçant, l'une après l'autre, les grandioses ébauches par lesquelles les principes de la vie organique avaient préludé à l'essai de leur puissance, on dirait que l'architecture du globe et la formation de ses surfaces se sont développées, non simultanément, mais dans un ordre alternatif, le travail intérieur et le travail extérieur s'excluant réciproquement ; on croirait que la nature a dû sommeiller dessous pendant qu'elle était animée dessus, que le sous-sol s'est formé des matériaux élaborés par la surface, et, enfin, que la destruction et l'édification se sont, tour à tour, cédé le champ pour se donner la main, dans l'accomplissement de ce magnifique et sublime ouvrage de la création du monde.

Ne serait-ce là qu'une trompeuse apparence? Il est des géologues croyant qu'il y a eu au moins un

(1) Voici les principales divisions des grandes époques géologiques:

Primaire : étage cambrien, étage silurien, étage carbonifère, étage permien ;

Secondaire : trias, terrain jurassique, terrain crétacé ;

Tertiaire : étage éocène, étage miocène, étage pliocène;

Quaternaire : terrains de transport ou diluvium ;

Alluvions modernes.

Les subdivisions des étages principaux forment un total de trente-trois sous-étages, résultant de la diversité des combinaisons stratifiques qui les ont produits.

déluge universel ; il en est d'autres qui, sans savoir
précisément pourquoi , ne croient pas au déluge et
d'autres encore qui, même sans arguer de la profondeur ou de l'élévation , pour ainsi dire méthodique,
des gisements fossilifères, ni du caractère chimique,
sédimentaire ou alluvial, particulier à chaque strate
géologique, admettent la réalité de plusieurs déluges
et soutiennent que les creux et les reliefs de la terre,
ses mers si profondes et ses vastes chaînes de mon-
tagnes, n'ont pu se constituer que par une suite de
bouleversements généraux ou partiels.

Quelques-uns, parmi ces derniers géologues, pour
expliquer les grands phénomènes jusqu'ici inexplicables de la géologie, recourent volontiers à l'hypothèse adhémarienne, aussi ingénieusement qu'invrai-
semblablement développée par M. Paul de Jouvencel.
Les eaux pluviales, nos plus grands fleuves, nos plus
impétueux torrents, disent-ils, n'ont pu être les agents
des immenses transports, ni des profonds affouille-
ments, qui se voient à des niveaux élevés. Des submersions réitérées des continents, jointes à l'action
de la force éruptive du noyau central, donnent seules
raison, leur semble-t-il, des soulèvements de l'écorce
terrestre, de l'interversion, du chavirement ou du
mélange de plusieurs de ses couches, de l'ascension
de masses plutoniennes dans les étages supérieurs,
des vastes atterrissements, et surtout de l'existence,
sur divers points du globe, d'une superposition de
dépôts tantôt marins, tantôt lacustres, lesquels se
succèdent dans un ordre alternatif, bien au dessus du

niveau actuel des eaux océaniques et des eaux fluviales.

Nous ne savons quelle est celle de ces opinions divergentes qui se rapproche le plus de la vérité; mais il nous paraît évident que l'immense force des éléments de la création, — le feu, l'eau, les fluides gazeux, — a dû bien des fois agir d'une façon terrible pour ramener vers le centre tant de choses originaires des surfaces, ou rejeter vers celles-ci des matières de l'intérieur.

Quoiqu'il en soit, la couche postérieure de la terre ne renferme aucune apparence de l'élaboration chimico-physique qui a existé et existe peut-être encore dans les couches antérieures. C'est probablement parce que les agrégations minérales ne peuvent se former qu'à l'aide d'une fermentation assez puissamment révolutionnaire pour susciter de vastes combinaisons chimiques. Pareille cause ne se fait point pressentir dans le cours régulier des lois de la nature. Il y a donc lieu de penser que la surface de la planète ne saurait être renouvelée une autre fois encore, que par un mouvement extraordinaire, profondément subversif des milieux actuels et y apportant les principes minéraux dont ils sont dénués.

Conséquemment, il est présumable que chacun des âges du monde a dû son avènement à une semblable commotion, et que la vie organique, absolument liée à la vie même du globe, s'est modifiée et a progressé avec lui toutes les fois qu'ont changé et se sont perfectionnées les conditions physiques dont elle dépend.

Sur ce point, les transformistes et les *stabilistes* ne devraient avoir qu'un même sentiment, car la connexion des révolutions physiques et des changements survenus dans la faune et la flore ne contrarie ni la doctrine de l'évolution, ni celle de la fixité de l'espèce. Tandis que celle-ci excipe des perturbations du globe comme d'une cause occasionnelle, subite et prévue, des rénovations organiques qui ont laissé leurs traces dans la paléontologie, celle-là trouverait un avantage à leur emprunter des influences rapidement impulsives des organismes vers la transformation.

Mais le transformisme croit avoir un intérêt de premier ordre à contester toute coïncidence et toute corrélation entre les mouvements de la matière brute et le renouvellement des animaux et des plantes : admettre une révolution générale, une seule, postérieurement à l'époque où le globe terrestre, d'abord gazeux, puis fluide et incandescent, a fini par se solidifier, se refroidir superficiellement et se peupler, serait une contradiction mortelle pour la théorie darwinienne. De là, pour la nouvelle école philosophique, nécessité de donner aux faits constatés par la géologie, des interprétations quelquefois évasives et le plus souvent irrationnelles, de nier les convulsions intérieures qui, en des temps plus ou moins voisins de l'enfance du monde, unissant leur influence à celle des perturbations extérieures, ont par intervalle renouvelé, d'une manière très-profonde, les conditions biologiques et, avec elles, les formes de la vie.

Contrairement à l'opinion des plus illustres géologues, acceptons pour un moment que les réactions du noyau central, dont on ne voit plus maintenant que de faibles retours, n'aient jamais causé une dépression de l'écorce terrestre, un enfouissement violent, une submersion soudaine, que les surélévations du sol et ses creux profonds, la formation des terrains successifs et le changement du niveau des mers, aient été des phénomènes placides accomplis dans le plus grand calme. Lorsque nous aurons ainsi fait bon marché de bien des certitudes géologiques, aurons-nous pour cela renversé la notion de l'espèce, telle que l'ont conçue Buffon et Cuvier, et serons-nous près de mettre la main sur la clef du système des présomptions hardies de de Maillet, de Lamarck et de M. Darwin?

Pas le moins du monde : les rénovations biologiques, qu'elles se produisent peu à peu ou subitement, n'ont pas le pouvoir de modifier la vie dans son essence; elles peuvent la troubler et en amener le terme, altérer l'apparence qu'elle a originellement reçue, mais leur action laisse complétement intact son principe spécifique. C'est visible depuis le commencement de la période actuelle, et, quoi qu'on en dise, la paléontologie, consultée avec un peu de méfiance contre notre désir d'y surprendre des indices de déviation qui ne s'y trouvent nullement, est loin de laisser penser que la stabilité observée aujourd'hui ne soit pas la continuation d'une règle immuablement établie dès l'origine des êtres vivants, règle d'ordre et d'harmonie par laquelle ces êtres sont définitivement appropriés à leur régime.

Mais si tel est le caractère des faits qui ont laissé leurs empreintes dans les superpositions géologiques, d'où faire sortir ces organismes toujours plus élevés, physiquement et moralement, et dont la variété ne cesse de croître depuis les premières créations? Nous ne nous préoccupons point de ce mystère ; il nous suffit de savoir que les hypothèses transformistes ne l'expliquent pas plus que les faits auxquels nous préférons nous en rapporter, non pour remonter de l'effet évident à la cause invisible, mais seulement pour reconnaître les limites de celui-là.

Ces limites, nous ne les cherchons point dans une idéale progression de la matière organique, impliquant une élection correspondante de l'essence vitale ; nous les apercevons dans l'invariabilité persistante de celle-ci, nonobstant la variabilité des apparences extérieures sous lesquelles elle traverse les âges, et nous les voyons surtout dans la confusion, au même niveau géologique, de débris fossiles représentant des classes ou des genres d'animaux et de végétaux si distincts entre eux qu'il suffit de constater leur contemporanéité pour écarter, en ce qui les concerne, tout soupçon de métamorphose. Mais avant d'entrer dans la discussion démonstrative, jetons un rapide coup d'œil sur l'aspect général de l'empire organique à sa formation.

L'incandescence du globe avait disparu sous l'épaisseur de son écorce solidifiée ; la fusion cosmique, constituant le sol plutonien, s'était figée et refroidie. Une mer universelle entourait ce sol rocheux, et de ses concrétions des millions de fois séculaires, jointes aux matériaux dissolubles que la force éruptive du feu intérieur lui livrait incessamment, le couvrait peu à peu de dépôts sédimentaires. La fournaise désormais murée respirait seule dans une atmosphère brûlante et lourde, surabondamment chargée de fluides ambiants, surtout d'acide carbonique et d'électricité. Nous touchons à l'époque où le noyau terrestre va se trouver enveloppé par les couches cambriennes au dessus desquelles s'est formé ultérieurement le dépôt silurien, puis le dépôt dévonien qui clôt la première période géologique.

Voilà que la vie laisse échapper son premier souffle. L'eau domine encore partout, excepté probablement sur les points où le feu central s'est ouvert des soupiraux. Une population peu variée, entièrement aquatique, surgit des sédiments et se propage, à mesure de la formation des couches supérieures, sans se diversifier très-sensiblement. Des algues et de rares fucus, sans doute venus les premiers pour raffermir le sol meuble, des zoophytes, des rayonnés, des annélides, des coquillages univalves ou bivalves, des lituites, des gastéropodes, des crustacés, des poulpes, des calmars, des seiches, quelques dents de poissons cartilagineux, tels sont à peu près tous les vestiges fossiles que recèlent les terrains primitivement recouverts par les flots de la mer silurienne. Encore ces traces ne consistent-elles, le plus souvent et surtout en ce qui concerne les végétaux et les animaux à corps mou, qu'en des empreintes qui ne sont pas toujours d'une parfaite netteté.

Néanmoins, de l'ensemble des restes d'une époque d'autant plus obscure qu'elle est plus éloignée de la nôtre, il ressort que, durant une série de siècles dont la pensée se rend difficilement compte, la vie, contenue dans les limites de la force organique des milieux où elle est née, demeure réduite, sinon à sa plus simple expression, du moins à des organismes très-peu élevés. Le règne végétal est encore borné aux herbes marines; le règne animal s'arrête aux poissons squalacés et, par conséquent, ne comprend jusque-là que des vertébrés respirant par des branchies.

S'ensuit-il que la vie a dû, par la suite, se développer sur ces seuls éléments, que l'entomologie, l'ornithologie et la mammalogie se soient entées sur l'ichthyologie en passant par les amphibies et les reptiles ? Au contraire, l'énormité de la différence qu'il y a entre ses formes primitives et celles qu'elle y ajoute, sans transition apparente, avant la fin de la première période géologique, fait plutôt penser qu'elle a progressé par l'accroissement de la propriété organique dans la matière, et non par voie d'une filiation dérogative à ses premières adaptations.

L'eau, il est vrai, fut d'abord le siége de la vie, mais l'on n'a aucune raison plausible de supposer que le sol n'a pas eu aussi ses principes vivifiants, et que les organismes créés pour l'existence aquatique se soient ensuite modifiés pour s'adapter à la vie terrestre. Rien, dans les indications paléontologiques qui se rapportent à l'époque où la terre commença à émerger, n'autorise à croire que la population des continents ait eu ses origines dans la mer.

Le premier âge s'était écoulé incalculablement long, et la lutte que les éléments s'étaient livrée pour conquérir chacun l'espace où il devait dominer avait transformé la surface de la planète en y changeant les conditions géologiques et, par suite, celles de la vie. Les eaux plus concentrées et plus contenues, sinon complétement maîtrisées, laissent poindre çà et là, dans le dévonien, les amas de pulvérins accumulés et stratifiés pendant la durée des siècles antérieurs. Sans doute, de nouveaux ferments organiques imprègnent les humus amoncelés dans les terrains surgissant des eaux. Par un mystère que l'embryologie cherche vainement à pénétrer, aux générations d'êtres vivants précédemment apparues se mêlent d'autres générations dont la plupart, — les plus importantes par la taille et par la complexité de l'organisme, — n'ont aucune similitude avec leurs aînées. C'est qu'à la première formation, entièrement aquatique, la nature vient d'ajouter une formation qui admet un commencement d'existence hors de l'eau.

La botanique terrestre, qui avait fait son apparition en parsemant de mousses et de lichens les assises du terrain dévonien, a déroulé, dans l'épaisseur de cet étage, des forêts de végétaux vasculaires, qui seront bientôt suivis de gymnospermes ligneux. Les zoophytes, les mollusques, les crustacés et les poissons, ont multiplié en variétés nombreuses. Déjà apparaissent quelques amphibies, et des oiseaux, probablement aquatiques, laissent l'empreinte de leurs pas dans les grès du trias, étage inférieur du secondaire.

La vie prend encore une extension nouvelle dans le terrain houiller et dans le terrain jurassique. Les vertébrés, venus après ceux qui avaient été organisés pour respirer dans l'élément liquide , sont pourvus d'organes respiratoires nouveaux, de poumons, de conduits aériens, et possèdent des membres locomoteurs bien différents de ceux qu'avaient les premières formes vertébrées. C'est alors que sont introduits, les uns après les autres ou simultanément, la généralité des amphibies, les grenouilles gigantesques, les tortues monstrueuses, les chauve-souris apocalyptiques, quelques mammifères de petite taille, la nombreuse famille des grands reptiles dont les restes pétrifiés se retrouvent dans les ossuaires du second plan de la superposition géologique, avec ou immédiatement au dessus de vastes dépôts de houille, immense minéralisation d'une puissante flore qui avait presque les pieds sur la surface du dévonien et semble avoir été ensevelie par une catastrophe universelle, avant la formation du terrain permien ou crétacé, le dernier de la période secondaire.

Notons qu'après l'enfouissement de la luxuriante végétation que le terrain houiller avait portée, la majeure partie des monstres nés avec elle et dont elle avait été l'asile ne reparaissent pas. Observons aussi que les soulèvements jurassiques correspondent à l'époque de la formation de la houille, ou suivent de près cette époque. Ce sont là de graves indices de révolutions violentes du globe.

Peut-être n'est-ce qu'une illusion et, une deuxième fois, l'assiette du sol et des eaux avait-elle été renouvelée sans secousse convulsive, dans la lenteur du calme ; mais il n'en est pas moins réel que la plus grande partie des fossiles extraits des couches éocènes, miocènes et pliocènes, dont se compose l'étage tertiaire, représentent, tout-à-coup, la vie sous des formes qu'elle n'avait pas revêtues jusque-là, même approximativement. Les conditions d'existence de la créature avaient dû subir des changements considérables par la rénovation de la surface de la terre. Des milieux nouveaux appelaient de nouveaux hôtes.

Le règne végétal, déployant de nouvelles magnificences, couvre le sol de forêts où presque toutes les essences connues de nos jours ne tardent pas à avoir leurs aïeules, sous des proportions individuellement formidables. Les angiospermes viennent s'ajouter aux gymnospermes et, pour compléter l'échelle botanique, se divisent en monocotylédones et en dicotylédones.

À son tour, le règne animal étale ses richesses en des organismes dont le plus grand nombre s'éloigne, tout à fait, des traits particulièrement caractéristiques de la population rampante ou grossièrement ailée du second âge.

Les marsupiaux et les monotrèmes déjà apparus dans le jurassique se multiplient alors ; des mammi-

fères colossaux remplacent sans transition bien marquée les ovipares gigantesques. L'ichthyosaure, le
plésiosaure, le phytosaure, le pleurosaure, le méso-
saure, le mégalosaure, le giosaure, le ptérodactyle,
le labyrinthodon et tant d'autres hideuses bêtes à la
peau chagrinée, pustuleuse ou couverte d'écailles,
disparaissent presque subitement, cédant la place aux
mammifères carnassiers, aux pachydermes, aux ruminants, aux arboricoles. Des cétacés aux dimensions
énormes parcourent les mers, d'ailleurs peuplées,
depuis longtemps déjà, d'une infinie variété de poissons, de mollusques et de crustacés de tous les
genres. L'air a d'autres habitants que les chauves-
souris et les oiseaux à peine ébauchés de l'âge précédent. En un mot, tout paraît être dans la voie de la
pondération et toucher au terme du progrès sur le
globe terrestre.

Cependant, l'instinct y est encore la seule loi à
laquelle obéisse la matière organisée. L'homme, s'il
est venu, ne s'est pas encore élevé au dessus de l'a-
nimalité ; peut-être, selon la croyance transformiste,
se trouve-t-il encore, à l'état rudimentaire, dans l'organisme d'une brute, sans doute celui du singe, une
des créatures de la troisième période et auquel divers
auteurs, après Linné, ont, quelque peu légèrement,
rattaché leur généalogie.

C'est ici évidemment, c'est dans les couches du
tertiaire, que doivent exister les preuves dont l'école
transformiste a besoin pour justifier sa prétention de
professer une doctrine scientifiquement supérieure à

celle de la fixité de l'espèce. Comment relie-t-elle aux amphibies, aux batraciens et aux reptiles qui les ont précédés, les grands vivipares apparus subitement et comme d'eux-mêmes ? Par une fausse induction prise de l'analogie embryonnaire.

Ni l'anatomie, ni la physiologie ne sauraient se satisfaire d'un argument si peu précis ou plutôt si élastique. Constatons à l'avantage de la doctrine de la permanence des types, que l'hippopotame, le rhinocéros, l'éléphant, le cheval, le bœuf, le chien, l'hyène, la panthère, le singe, le castor, l'écureuil et bien d'autres mammifères encore, semblent être venus sans précédents, durant le cours de la troisième époque.

En s'appuyant des similitudes communes à toutes les divisions du règne organique et à la faveur de l'obscurité sous laquelle se cache la chronologie des espèces aquatiques et des espèces reptiliennes, il est facile d'avancer que les mollusques étaient issus des zoophytes, les crustacés les uns des autres, les poissons des poissons, les reptiles de ces derniers, les cétacés des reptiles ; mais cette thèse devient insoutenable dès qu'on la transporte, des ténèbres de la première et de la deuxième époque, dans les régions plus élevées, où les pas de la vie sont empreints plus profondément et entourés de plus de clarté. D'abord la distance de temps relativement courte qui s'est écoulée entre la disparition des grands reptiles et l'avénement des grands mammifères ne permet pas la supposition que ceux-ci dérivent de ceux-là. Ensuite, l'abondance des fossiles est telle à partir du dévonien et surtout dans les étages du tertiaire, que la présomption de la mutabilité des formes implique forcément, ici, la nécessité de trouver, en même temps que les dépouilles des espèces modifiées, les restes des espèces en voie de mutation.

Il n'en est point ainsi : la minéralisation a conservé intégralement, avec une multitude de formes complétement reptiliennes, une infinité de formes absolument mammalogiques, et n'a retenu ni en entier, ni en partie, aucune forme de transition, aucune forme mixte. Qu'est-ce à dire ?

D'un autre côté, des paléontologues, qui savent ce qu'ils disent, affirment que, dans le règne végétal, les dicotylédonées ont précédé les monocotylédonées. Qu'est-ce à dire ?

Mais voilà encore que, par un autre phénomène universel, le niveau des mers a de nouveau baissé, les continents se sont étendus et peut-être encore élevés. Nous sommes à l'époque quaternaire ou diluvienne, une autre mort brusque ou graduelle, suivie d'une brillante résurrection.

Le plus grand nombre des mammifères déjà parus se retrouvent parmi les nouvelles opulences zoologiques, cette fois à peu près complètes en quadrupèdes vivipares, rongeurs, carnassiers, pachydermes ou ruminants, en oiseaux et en poissons. La flore s'est également encore développée et a diversifié ses formes sans les refaire d'une manière sensible. Toutefois, dans les deux règnes, les dimensions colossales tendent à se réduire. Il apparaît bien encore quelques façons d'éléphants, de bœufs, de cerfs, d'ours, de chats, rappelant les exagérations de taille que les premiers âges avaient vues, mais il devient de plus en plus évident que la nature renonce à l'emploi de ces prolixes charpentes d'animaux et de végétaux dont elle s'était jusque-là servie, peut-être comme d'agents de purification.

L'homme a-t-il enfin paru dans cet univers, déjà bien perfectionné, où il doit régner en maître ? Hier encore la science résolvait négativement ce vieux problème. Selon elle et contrairement à la tradition de haute antiquité, qui assigne à l'homme une origine antédiluvienne, l'ère de l'humanité n'avait dû poindre qu'au seuil de la cinquième époque. Aujourd'hui, ravisée par les confidences dignes de foi, qu'elle a récemment recueillies au sein du diluvium de la vallée de la Somme et ailleurs, la science reconnaît que l'homme était venu dès la quatrième époque, sinon plus tôt.

Ce n'est pas très-important au point de vue de la question que nous allons bientôt aborder, et néanmoins il ne saurait être absolument inutile de faire remarquer que si le seul bimane qui soit dans la nature avait réellement existé avant la transformation finale qui a mis la terre dans l'état où nous la voyons, il y aurait lieu de se demander comment la plus parfaite des créatures n'est pas arrivée la dernière, n'a pas été le terme extrême de cette longue série de transmutations par lesquelles l'empire organique se serait graduellement constitué, au dire des transformistes.

Et par le fait, plus l'origine de l'humanité recule-
rait dans les âges du monde, plus s'accroîtrait l'invraisemblance de la transformation. Or, on croit avoir
trouvé, outre de nombreux indices d'un travail intelligent, des ossements humains, dans les couches du
pliocène, même dans les couches miocènes (1); on
croit jusque avoir aperçu des traces du passage de
l'homme dans les dépôts éocènes (2). S'il venait à être
constaté que l'homme tertiaire a existé, les doctrines
transformistes subiraient un grave échec de cette
constatation.

A la vérité, on n'a pas acquis la certitude que l'enfouissement de vestiges humains, dans le pliocène ou
le miocène, remontât à la formation même de ces terrains, et l'on n'est pas sûr, non plus, que les empreintes attribuées à l'homme au delà du quaternaire,

(1) Un crâne et autres parties d'un squelette humain, trouvés em-
patés dans une marne pliocène, à Zinola, près de Savone, Ligurie.
Communication de M. A. Issel au congrès international anthropolo-
gique, en 1867.

Un squelette humain, découvert dans une couche de sable miocène
au Béjou, canton de Lamassas, Haute-Garonne. Communication de
M. de Lacué.

Un crâne d'éléphant, perforé comme par une flèche ; un crâne de
cerf, percé d'un trou rond, comme par un épieu ; des entailles pratiquées sur divers ossements d'animaux. Le tout recueilli dans le
pliocène, à Saint-Priest, Eure-et-Loir. Communication de MM. Des-
noyers et Spring.

Des silex portant l'apparence d'un travail humain, découverts sur
divers points, les uns dans le pliocène, les autres dans le miocène,
avec des os d'animaux incisés de diverses manières. Communication
de MM. Garrigou, l'abbé Bourgeois, Cocchi, etc.

(2) Des silex présumés travaillés et qui représentent des instruments
propres à frapper, à trancher ou à percer. Communication de M. l'abbé
Bourgeois.

soient réellement des traces que sa main aurait laissées ; mais on a de même, pendant longtemps, contesté l'authenticité des découvertes paléontologiques que l'on faisait valoir pour reporter le berceau du genre-humain à la quatrième époque. Aujourd'hui, la réalité de l'existence de l'homme quaternaire est un fait qui semble hors de doute.

Nous acceptons ce fait sans prétention d'en déduire une conclusion contraire à la chronologie transformiste, parce que la géologie n'exhibe pas des éléments d'histoire suffisamment précis pour qu'il soit possible de calculer l'âge de l'humanité d'une manière chronométrique. Il nous semble même qu'il n'y a pas très-loin du quaternaire à la venue du premier homme, d'après le législateur des Hébreux, ni de la création d'Adam à l'époque où l'homme-singe, de l'invention de M. Haeckel, se serait transformé en homme. Nous admettons sans difficulté que l'existence du progéniteur de notre espèce peut avoir le même âge que les couches terrestres où se rencontrent des traces certaines de l'art humain, mais nous refusons de voir, dans la formation de ces terrains et dans les vestiges qu'ils recèlent de la présence de l'homme, des circonstances dont on soit à même de déterminer l'ancienneté.

A combien de vaines conjectures l'imagination ne se livre-t-elle pas pour expliquer la réalité des choses anté-historiques par l'interprétation des circonstances au milieu desquelles on en rencontre des traces ? A-t-on sous les yeux le crâne d'un éléphant tertiaire percé d'un trou conique, c'est une flèche qui a fait ce trou et un homme tertiaire avait dû confectionner cette flèche. Trouve-t-on, à Cros-Mayon ou ailleurs, des restes humains enfouis, dans les cavernes quaternaires, avec des ossements d'ours, de lion, d'hyène, de loup, de chien, d'oiseaux, c'est une preuve que l'homme a fait sa demeure de ces cavernes et s'est nourri de la chair des animaux dont les débris y sont entassés pêle-mêle avec les siens. M. Rivière découvre-t-il dans l'une des cavernes qu'il explore, à Menton, le corps parfaitement conservé d'un homme quaternaire, c'est encore une preuve du troglodytisme de l'homme primitif et de son habitude de vivre de la chasse des grandes et des petites espèces animales, puisque le corps avait, dans la caverne, une sorte de couche, des points d'appui contre des pierres mobiles, et qu'aux alentours de ce fossile humain, on a trouvé des cendres et, comme toujours dans les brèches comblées par le diluvium, des ossements de divers animaux.

Que l'homme primitif ait habité des cavernes, c'est bien possible ; qu'il se soit, à l'occasion, nourri de la chair d'ours, de lion, d'hyène et même de celle de l'éléphant, nous ne le contestons pas ; mais nous doutons que les faibles armes en pierre dont il faisait alors usage aient été, entre ses mains, les moyens de faire des hécatombes de bêtes féroces. Selon nous, les amoncellements de débris animaux que l'on prend pour des résidus de cuisine, dans les cavernes, ont eu une autre cause que le fait de l'homme.

Ce n'est pas plus lui qui a mis là ces ossements
que ce n'est lui qui y a apporté les dépôts alluviaux qui les recouvrent. Si l'homme fossile de
M. Rivière a pu périr de mort naturelle, à la place
même où il a été trouvé, ce n'est pas à dire que cet
être humain, qui se parait coquettement de colliers de
coquilles et ornait sa tête d'une sorte de panoplie
d'armes, ne possédât pas l'instinct par lequel les animaux supérieurs sont généralement conduits à choisir
un abri salubre.

On n'est point en état d'indiquer à quelle époque
ont vécu les générations de l'âge de pierre, les tro-
glodytes, qui habitaient ou fréquentaient les cavernes
à ossements si nombreuses dans plusieurs contrées
de l'Europe, les hommes qui ont formé les amas de
coquilles si fréquents dans nos régions du nord, les
hommes dont nous connaissons l'industrie rudimentaire par les débris qui en sont restés au fond des
lacs de la Suisse ou sous la couche inférieure des
vastes tourbières du Danemark.

On ignore, en effet, si la sauvagerie de l'Occident
n'a pas coexisté avec la civilisation de l'Orient ; on ne
saura probablement jamais quelle distance de temps
sépare les silex travaillés enfouis dans les couches
supérieures du continent européen, des témoignages
de développement intellectuel retrouvés sous les ruines
de l'antique Ninive. Conclure à une lointaine origine
de l'homme en excipant de la lenteur de l'évolution
du sol et de la profondeur à laquelle gisent quelques
rares traces de ses actes primitifs, ce serait peut-être

se tromper de toute la différence qu'il y a entre les rapides et formidables transports alluviaux de la période diluvienne et les lentes, les imperceptibles alluvions qui s'effectuent dans le calme de l'époque où nous vivons. Les eaux souterraines et les mouvements convulsifs du sol ont trop souvent mêlé et confondu, à un niveau bas, des choses originaires d'un niveau plus élevé, pour que nous ne nous tenions pas en garde contre les illusions qu'ont pu faire naître des trouvailles isolées et quelquefois d'une authenticité douteuse.

Sans nous ranger du côté de ceux qui, s'obstinant à voir une certaine concordance entre les différents âges du globe et les six jours de la Genèse, veulent rapporter l'avènement de l'humanité à la création du premier couple biblique, nous sommes convaincu que les faits géologiques connus n'entraînent pas avec eux la certitude d'une immense antiquité du genre humain. Si l'homme eût existé antérieurement à la stratification des dépôts quaternaires, nous trouverions immanquablement ses dépouilles dans l'étage au-dessous, comme nous y trouvons celles de tant d'autres mammifères vivant isolément et dont le squelette offre moins ou n'offre pas plus de consistance que le squelette humain. Il n'est pas de raison qui fasse croire que les os de l'homme soient plus réfractaires à la minéralisation que les os des animaux. Pour sûr, quand les terrains du secondaire ont conservé des restes abondants de vertébrés de la plus petite taille et jusqu'aux empreintes d'arachnides, de fragiles annelés, d'éphé-

mères végétaux, on ne saurait penser que l'homme,
celui des mammifères sociables qui est le plus fécond,
qui forme les plus grandes agglomérations et dont la
vie est une des plus prolongées, a pu traverser le tertiaire ou seulement une des sections de cet étage, sans
y laisser autant de traces visibles de son passage qu'y
en ont imprimées du leur le cheval, le bœuf, le singe,
les petits rongeurs, la plupart des espèces ornithologiques et jusqu'aux insectes.

Et, si l'existence de l'homme quaternaire est désormais un fait incontestable, est-ce à dire que l'ère de
l'humanité doive reculer de vingt mille ans et peut-
être de cent mille ans, ainsi que le prétendent
quelques géologues abusés par le calcul des centi-
mètres d'atômes que les lais de la mer et le charroi
des fleuves ou des eaux pluviales ajoutent, chaque
année, à la masse d'un terrain d'alluvion ou à la profondeur d'une tourbière?

D'abord, les dépôts superficiels désignés sous le
nom de terrains de transport ou de diluvium ne
paraissent pas résulter de lentes opérations sédimentaires. Leur apport dans les vallées qu'ils remplissent et dans les cavernes qu'ils obstruent revêt,
au contraire, l'aspect d'un effet violent et par conséquent rapide. Ensuite, on n'a jamais pu savoir de
combien le sol s'élève et en quelle quantité la tourbe
augmente, dans la période d'un siècle. Suivant la
diversité des accidents du sol, la couche des alluvions
modernes, ainsi d'ailleurs que les couches antérieures,
atteint une épaisseur considérable ou s'arrête à une

insignifiante élévation. Quant à la tourbe, les uns disent qu'elle s'accroît verticalement d'un centimètre tous les cent ans; d'autres assurent qu'il suffit d'un laps de vingt-cinq à trente années pour que des excavations creusées à six pieds de profondeur se remplissent de cette matière; d'autres encore soutiennent que l'on ne saurait calculer, d'une manière uniforme, l'accroissement de la tourbe, parce qu'elle se produit lentement ou rapidement selon les contrées et la disposition des lieux où sont situées les tourbières. En somme, l'exhaussement des surfaces terrestres paraît être partout une affaire, non de temps seulement, mais aussi de quantité de matériaux accumulés et appropriés sous l'influence de circonstances toutes locales, lesquelles accélèrent ou ralentissent leur action à mesure que les surfaces se modifient, changent de configuration.

Dès lors, le calcul de l'évolution du sol ne peut conduire à la supputation de l'âge des vestiges de l'art préhistorique. On aura beau mesurer l'épaisseur de la tourbe qui recouvre des silex travaillés, la profondeur à laquelle se trouvent enfouis, dans le diluvium, des ossements humains mêlés à des ossements d'animaux disparus, la masse de vase sous laquelle sont ensevelies les cités lacustres, la capacité cubique des monceaux de coquilles qui marquent le passage de l'homme primitif sur les bords de la Baltique, on ne cessera pas d'être placé en face de ces deux questions insolubles : quel est l'âge des silex, des ossements humains, des cités lacustres et des amas de coquilles ? Les faits que représentent ces choses portent-ils en eux la preuve d'une extrême ancienneté du genre humain ?

Mais, dira-t-on, avec M. Charles Lyell, dans les brèches des cavernes et dans les dépôts superficiels du diluvium, des restes d'animaux éteints, tels que le mammouth ou l'ours des cavernes, se rencontrent avec des restes humains, ossements ou instruments, et cela prouve au moins la contemporanéité de l'homme avec ces animaux. Cela prouve peut-être, répondrons-nous, que le mammouth et l'ours des cavernes ont existé jusque vers l'époque où l'homme est venu ; mais cela ne peut aucunement aider à fixer la chronologie du passé de ce dernier. Les débris de mammouths occupent, dans le quaternaire, une place que n'y ont pas, tant s'en faut, les débris humains. La fréquence des uns, comparée à la rareté des autres, ne laisse pas douter de l'antériorité du mammouth.

D'ailleurs, c'est dans le diluvium et non plus bas, que se trouvent les premières traces irrécusables de l'existence de l'homme. Plus d'un géologue, notamment M. Elie de Beaumont, regarde comme récente la couche d'où fut extraite la mâchoire humaine découverte par M. Boucher de Perthes, au Moulin-Quignon, et, jusqu'à présent, il n'a pas été établi que l'homme fossile, déterré à Menton, il y a deux ans, soit plus ancien que les ossements des cavernes. Il n'est pas non plus démontré qu'un énorme laps de temps s'est écoulé depuis la formation de la couche diluvienne. Les six mille ans d'existence que la tradition juive attribue à l'humanité ne semblent presque rien, lorsqu'on les mesure sur l'immense durée de l'élaboration physico-chimique d'où sont sorties les concrétions diverses dont l'écorce terrestre est formée ; mais cette période de six mille ans paraît avoir une longueur réelle, lorsqu'on en juge par une récapitulation, même brève, des événements qui ont marqué dans l'histoire des nations et des progrès accomplis par l'esprit humain, pendant la durée des temps historiques. Il peut donc se faire que l'homme ne soit venu qu'après les animaux. Nous faisons volontiers cette insignifiante concession au transformisme.

Quoiqu'il en soit, à la cinquième époque, celle de la vérité archéologique et de l'histoire, sinon de la vérité partout et toujours visible, tout ce que les périodes précédentes avaient enfanté de types monstrueux ou extravagants n'existe plus. Les causes de destruction qui les ont emportés auraient-elles épargné les autres parties de la faune et de la flore, représentées, sous leurs formes originelles, dans les richesses zoologiques ou botaniques du temps présent? On ne peut savoir et, cependant, le niveau auquel chaque période a ses charniers ne permet guère d'attribuer à la durée seule des siècles le rejet, d'âge en âge, de ce qu'il y avait précisément de plus splendide dans les œuvres de la création. On croirait plutôt, ainsi que nous le disions il y a un instant, que l'action organisatrice a reporté l'activité de la nature, tantôt de l'intérieur à l'extérieur, tantôt du dehors au dedans, et édifié plus d'une surface nouvelle sur la ruine violente, et peut-être générale, de la surface qui l'avait précédée.

Révolutions générales ou partielles. Formation des fossiles. Période glaciaire.

De cet aspect cosmographique, controversé tantôt dans un intérêt, tantôt dans un autre, loin de conclure que la planète a dû être, par intervalle, entièrement dépeuplée, puis peuplée à nouveau, par l'action de phénomènes extraordinaires, nous inférons, au contraire, que les changements successifs de la nature du sol, du niveau des mers et de l'état atmosphérique, quelles que soient les causes qui les ont amenés, ont eu pour conséquences naturelles les disparitions et les changements survenus dans la flore et dans la faune.

C'est dire que nous plaçons la question sur le terrain purement scientifique et que notre travail ne sacrifie à aucune théodicée, à aucun sentiment religieux. Ne cherchant la vérité que pour elle-même, il nous serait indifférent de la rencontrer dans le naturalisme ou de la trouver ailleurs, pourvu qu'elle se révélât, non-seulement aux yeux de l'esprit, trop susceptibles de s'abuser, mais encore aux yeux du corps, qui se trompent plus rarement.

M. Elie de Beaumont élève à un nombre très-

considérable les révolutions, plus ou moins profondes, d'où seraient résultés la superposition des
terrains géologiques, l'interversion de quelques-unes
de leurs couches, leurs dépressions ou leurs ondu-
lations, quelquefois leur obliquité, leur mélange,
ainsi que les soulèvements montagneux. Voir ainsi
partout des apparences de cataclysmes, c'est, peut-
être, s'exagérer les effets de l'action souterraine
sur la surface ; mais aussi nier toute révolution générale et révoquer en doute jusqu'aux indices les plus
incontestables de renversements convulsifs, dans des
zônes déterminées, c'est ne pas se rendre compte du
rôle que le feu et l'eau ont nécessairement joué dans
la formation du globe. Il n'est pourtant nul besoin de
nous rappeler les légendes concernant la disparition
de l'Atlantide et l'affaissement qui aurait produit la
mer Morte, pour nous faire une idée de l'étendue des
catastrophes qui, dans les temps voisins de la création, ont pu surgir de la lutte des éléments, de la
contraction du noyau central, des ruptures et des
dépressions de l'écorce de la terre.

Lorsque, après tant de milliers de siècles de calme,
le feu intérieur a encore parfois des soubresauts qui
impriment, à la planète, de désastreuses vibrations, on
n'est pas fondé à rejeter absolument les théories stra-
tigraphiques du célèbre géologue. On serait mieux
avisé, pensons nous, de convenir qu'il existe de
hautes probabilités pour que l'éruption d'où est sorti
le Vésuve et qui a enseveli Herculanum, Pompéi,
Stabies, etc., sous les déjections de la Somma, n'ait

été qu'une réminiscence en miniature des commotions volcaniques du globe, avant que les forces de la nature s'y fussent équilibrées.

D'ailleurs, on peut invoquer, à l'appui de ces théories, une preuve de fait, celle qui résulte de la fossilisation, cette opération de chimie naturelle par laquelle les corps appartenant aux deux règnes vivants sont saturés, imprégnés, de substance minérale, au sein des couches géologiques.

On sait avec quelle rapidité, au contact de l'air et par des alternances d'humidité et de sécheresse, la matière animale et la matière végétale se transforment en pourriture, puis en humus. Les plantes herbacées et le feuillage des arbres se consument et deviennent du terreau dans le court espace d'une année. Les tissus mous des animaux ne mettent guère plus de temps à se convertir en engrais, et il suffit d'une ou deux périodes séculaires pour dissoudre les bois et les ossements qui ne se trouvent pas à l'abri des causes ordinaires de destruction.

Dans les âges encore affranchis de la domination de l'homme, les morts, laissés sans sépulture, devaient se décomposer à la place même où ils étaient tombés, bien longtemps avant que la trop lente évolution du terrain eût pu jeter, sur eux, le linceul minéral sous lequel le paléontologue retrouve tant de leurs débris ou tant de leurs empreintes fossiles. L'abondance des vestiges animaux que recèlent certaines couches, en même temps que des amas compactes de détritus végétaux convertis en houille, en lignite, en succin, atteste le prompt ensevelissement de matières organiques qui ont échappé à une destruction totale.

D'ailleurs, les dépôts enfouisseurs de ces restes portent généralement le caractère de formations qui ont eu lieu sous l'eau. C'est sous l'eau, en effet, qu'ont pris naissance à peu près toutes les grandes agrégations minérales étagées ou disséminées sur un même plan, dans les terrains géologiques, et si la matière organique terrestre se rencontre, partout, incrustée dans ces agrégations, si plusieurs d'entre elles sont même uniquement composées de matières organiques qui ont vécu sur le sol, ce doit être apparemment parce que ces matières ont été inondées ou submergées à courte distance de leur mort, sinon pendant leur vie.

L'exhaussement de la surface, à la suite d'une longue série de siècles, est incapable de produire de tels résultats. Nous n'avons jamais entendu dire qu'il ait été découvert des traces de pétrifications récentes dans les forêts vierges de l'Amérique. Ce n'est pas sous une couche meuble d'humus qu'aurait pu s'effectuer l'imprégnation des corps ou de leurs débris, par les liquides minéralisants, et il est impossible de soutenir, avec quelque succès, que les nappes de charbons minéraux, si denses et si homogènes, se sont formées par des accumulations de détritus dans les terrains lacustres ou au fond des tourbières des âges antédiluviens. L'entraînement par les eaux, sur de grandes surfaces, aurait livré à la minéralisation

des matériaux divers et non des matériaux de la même
substance.

Il serait donc permis de penser que ce ne sont pas
tous des animaux ou des végétaux dont la vie s'est
terminée naturellement, à la surface du sol, que nous
représentent les fossiles des diverses époques. La
formation des couches de la terre, sans secousse violente et par l'extrême lenteur de l'œuvre quotidienne
du temps et des éléments, au lieu de saisir l'empreinte
du passage des êtres, en aurait absorbé les cadavres,
ou bien, par une supposition en désaccord avec la
climatologie, il faudrait admettre que les restes pétrifiés rencontrés dans des régions si diverses et à tant
de profondeurs différentes ont dû à la dessication ou
à la congélation, de ne s'être pas dissous immédiatement, pour devenir des matériaux de la stratification
des terrains qui les renferment.

La croyance générale des siècles passés au déluge
reposait, il faut bien le reconnaître, sur ce fondement
que les phénomènes géologiques dont la terre a été le
théâtre sont de nature à faire supposer des événements capables d'avoir bouleversé, défait et refait les
premières œuvres de la création. Ne sont-ce pas ces
traces ou ces apparences diluviennes, qui ont conduit
M. Adhémar à imaginer, dans les conditions de la vie
du globe, une alternance de submersions hémisphé-
riques ayant leur cause dans l'accumulation des glaces
à l'un des pôles ? Toutefois, nous mentionnons, pour
mémoire seulement, cette hypothèse que M. Paul de
Jouvencel a dépouillée de tout caractère de probabi-

lité, pour avoir trop voulu prouver l'existence d'une fatale et régulière périodicité de déluges universels, par le déplacement du centre de gravité de la terre.

On ne saurait vraiment accepter de confiance l'idée que les choses de la création sont remises, tous les dix mille cinq cents ans, en l'état où elles se trouvaient le deuxième jour de la Genèse. Une submersion totale de la planète, ne fût-ce que pendant la courte durée d'*une heure*, selon l'expression de l'auteur des *Déluges*, y détruirait tout, excepté les poissons, probablement, et les végétaux marins.

Quoiqu'il en soit, à cet égard, il n'y a nulle nécessité pour la doctrine que nous préférons à celle de l'école transformiste, d'opposer la certitude de cataclysmes à l'hypothèse de la formation des strates géologiques par « l'effet d'une révolution lente, insensible et ininterrompue, qui dure encore et qui durera indéfiniment » (1). Le principe de la fixité des types a pu tout aussi bien surgir et se fonder dans le calme le plus parfait, qu'au milieu de révolutions du globe, plus ou moins intenses et plus ou moins fréquentes.

Au contraire, sans l'apaisement, dès les dépôts dévoniens, de la fournaise qui a été le principal agent du travail constitutif de la planète, le développement des organismes vivants, par voie de transformation graduelle et perfectionnante, n'est qu'une chimère, l'hypothèse transformiste ne pouvant s'accommoder d'une alternance, ni d'une interruption, dans l'œuvre commencée à l'émission du premier germe de vie.

(1) M. Broca, *Revue des cours scientifiques*, n° 35.

Or, pour peu que M. Elie de Beaumont ait vu clair dans les enseignements qui se dégagent du grand spectacle offert par la géologie, on est forcé de reconnaître que des apparences de vérité étayent l'opinion accréditée, chez les peuples les plus anciens, qu'une au moins, sinon plusieurs, des époques cosmiques, a été séparée des autres par un intense bouleversement. Et, s'il est possible qu'une partie du quaternaire ait été submergée, il serait difficile de soutenir qu'aucun des dépôts secondaires ou tertiaires ne l'avait aussi été.

Après avoir sérieusement examiné la constitution géologique du globe, scruté les phases, si diverses, par lesquelles elle est passée, on serait fort embarrassé de trouver de bonnes raisons pour affirmer qu'il n'y a eu aucune solution de continuité, entre la première et la deuxième époque, entre la deuxième et la troisième, et ainsi de suite jusqu'à l'époque historique, la seule dont les terrains paraissent s'être généralement formés hors de l'eau.

On peut bien refuser de croire et, pour notre part, nous ne croyons pas à un mouvement général qui aurait, d'un seul coup, amené la submersion totale de la surface de la terre ; mais il est impossible de ne pas convenir que s'il est des couches géologiques qui se sont déposées paisiblement, il en est d'autres, au contraire, qui se sont formées dans l'agitation, notamment l'étage jurassique, sinon l'étage crétacé, et les terrains quaternaires. Dans le calme, les alluvions procèdent horizontalement ou de haut en bas, et non de bas en haut.

Le relief des Alpes, de l'Atlas, des Cordillières, de l'Himalaya, ne peut être le fait d'une évolution tranquille, accomplie par les voies extérieures, et si les continents ont pu se former de dépôts alluviaux, ce n'est ni l'action dissolvante, ni l'action charriante des eaux, autant qu'il est possible d'en juger par leurs effets actuels, qui a ouvert les détroits dans la roche, creusé les abîmes, séparé des terres continentales les îles éparses, en si grand nombre, le long des rivages et au milieu même des mers.

Les eaux érosent la roche et, petit à petit, en font du poussier ; elles affouillent dans le sol meuble, le transportent, s'y font un lit, s'endiguent dans leur parcours et dans leur étendue ; mais elles sont impuissantes à élever de plus de quelques mètres, au dessus de leur niveau, les berges et les rivages entre lesquels elles s'enferment. Leur mouvement n'est pas étranger à la formation des escarpements qui bordent maintes côtes, certains détroits et certains fleuves ; il n'est pour rien dans l'érection des hautes chaines montagneuses, dans l'érection du pic de Ténériffe ou du rocher de Sainte-Hélène.

La supposition contraire repose sur une assertion improbable, savoir que les eaux auraient primitivement enveloppé les points les plus élevés du globe et seraient ensuite descendues, par le fait unique de leur travail minant et translateur, au niveau où elles sont à présent. Il est plus vraisemblable que le volume des eaux s'est concentré graduellement dans les réservoirs que lui offraient les dépressions, les évidements de l'écorce terrestre.

Quoiqu'elles aient pu être, à leur principe, uniformément réparties dans les deux hémisphères, elles n'ont pas dû, cependant, couvrir les boursouflures ignivomes par où la fournaise intérieure leur livrait les matières incinérées qu'elles ont converties et déposées en sédiments. Si les étendues continentales et les îles s'étaient produites par le déplacement de parties du sol, que les eaux auraient expulsées de leur place primitive, ces terres seraient nivelées ; si leur formation résulte de l'enfoncement inégal des eaux sur des terrains de nature différente, nous devons le reconnaître à l'essence de la roche qui couronne les points culminants. Là doit se voir indubitablement le dernier étage du sol plutonien, sinon le terrain sédimentaire. En est-il ainsi ?

On ne saurait penser que le terrain primitif a pu se trouver entièrement sous l'eau, sans attribuer à la terre une sphéricité si parfaite que l'action du liquide en eût été paralysée, d'une manière absolue, dans un temps où, croit-on, la densité de l'atmosphère devait être impénétrable à l'attraction solaire. Faute de certitude, nous n'ajouterons pas que l'idée d'une complète immersion du globe, à un moment ou à un autre, est inconciliable avec l'inextinguibilité du foyer igné.

Il a dû y avoir des oscillations, des poussées de l'intérieur vers l'extérieur, des dislocations ; c'est incontestable. Par suite de ces accidents, des régions émergeaient, d'autres se submergeaient, s'évidaient ou s'effondraient profondément, sur des parties de leur superficie. La submersion, il est vrai, ne détruisait les êtres vivants que sur les points où se produisait le cataclysme ; mais comme des traces de ces violences existent fréquentes et très-étendues, dans toutes les parties du globe, il est permis de se demander si l'extrême rapidité de la destruction qui frappait les êtres s'accorde avec l'extrême lenteur du procédé de diversification que l'on prête à la nature.

On se pose, principalement cette question après avoir réfléchi aux effets, si formidablement destructeurs, du froid subit ou graduel — on ne sait précisément — qui substitua des siècles de glace, les rigueurs d'une température sibérienne, à l'extrême douceur de la température dans laquelle la terre immergeait encore, vers la fin de la troisième période et, peut-être, au commencement de l'âge quaternaire.

Si ce renversement radical des milieux ambiants a pu activer la transformation, chez quelques organismes, il a dû aussi la faire avorter chez beaucoup d'autres. Certains animaux, capables de s'abriter contre les atteintes du froid, ont pu y résister, s'y habituer et préparer ainsi l'acclimatation de leur descendance. Mais les végétaux, comment ont-ils fait ? Nous le demandons aux personnes qui, ayant quelquefois été témoins des ravages exercés par une gelée tardive, sur les cultures qui se font au printemps, n'ignorent pas que la prévoyance de l'homme peut seule préserver, d'une complète disparition cantonnale, les plantes d'une région chaude que l'on a transportées dans une région froide.

Et, toutefois, l'époque glaciaire passée, la faune et la flore sont peut-être plus riches que précédemment ; dans tous les cas, à part la venue de quelques inongulés et de quelques ruminants, la composition de l'une n'a guère plus subi de modifications que la composition de l'autre, de sorte que toutes les deux paraîtraient intactes, si ce n'était qu'à l'ancienne répartition presque cosmopolite des animaux et des plantes succède une division par zones climatologiques de ceux-là et de celles-ci.

En vain les transformistes veulent voir des preuves de transformation, dans cette physionomie nouvelle de la nature vivante : il n'y a là que des indices de la subséquence du principe spécifique, qui est comme le pivot de la vie. Fussent-ils fondés à nier toute déviation de l'équilibre du globe, toute poussée de l'intérieur ayant eu la puissance de disloquer de vastes parties de la masse planétaire, toute irruption étendue de la mer sur le sol, et jusqu'aux effets destructeurs du refroidissement général qui amena l'époque glaciaire ; pussent-ils, ensuite, démontrer que le système géogénique n'est que le résultat de l'accumulation de matériaux pulvérulents, nés les uns des autres et qui se sont lentement stratifiés ou étagés dans le calme, ils n'auraient pas pour cela mis en évidence la nécessité de la sujétion de l'espèce à des stations de perfectionnement.

Dès lors, il n'y a pas lieu de chercher l'explication des changements de structure éprouvés par les animaux et par les plantes, en imaginant une longue suite de métamorphoses individuelles, procédant, tout à la fois, de l'action du temps et des milieux, du besoin et de l'habitude des êtres, de l'hérédité joignant ses effets à ceux d'une sélection naturelle, même des chances du hasard, et qui, se poursuivant à travers les âges du monde, auraient développé, varié et perfectionné, au physique et au moral, les rudiments de la première formation.

Si la chaîne des êtres, commencée dans les dépôts de sédiment, a été rompue, ne fût-ce qu'une seule fois, pendant le mouvement ascensionnel des principes créateurs, il serait absurde de se persuader que la nature, peu sûre d'elle, a donné, à son ouvrage, une trame tortueuse et n'a rien créé, animal ou plante, qui n'ait dû se façonner lui-même aux conditions physiques dans lesquelles elle le plaçait et y attendre un hasardeux changement de formes, une amélioration de son sort, de l'exercice ou du repos des organes et des facultés qu'elle lui avait départis.

En tout cas, comme il est évident pour nous que la continuité des causes qui provoqueraient la transformation a dû être contrariée par des interruptions fréquentes du cours de ces causes, nous concluons naturellement que les phénomènes géologiques ne sauraient être invoqués par le transformisme qu'à la condition d'attribuer aux métamorphoses la rapidité qu'on leur dénie faute d'en rien voir et d'en rien savoir.

Antinomies et imperfections dans la nature.

N'importe, avec une assurance où se reflète l'esprit léger de notre siècle, on avance que le transformisme seul peut justifier plausiblement les antinomies, les imperfections, les monstruosités, qui font tache dans l'ordination de la nature vivante ; et, appliquant aux choses sans relation intime avec nos sens le jugement conventionnel dont nous nous servons pour apprécier les choses qui dépendent de nous ou qui nous touchent de près, on affirme que l'hypothèse de la création exclut toute défectuosité ; que conséquemment l'on ne saurait voir que des oublis, des maladresses ou des erreurs, indignes de l'intelligence créatrice, dans l'existence, chez les animaux et même chez l'homme, d'organes inutiles ou imparfaits, d'organes quelquefois nuisibles.

Bien plus, on va jusqu'à prendre la faible notion que nous possédons du juste et de l'injuste, pour la mesure exacte d'un pareil sentiment dans la direction universelle, et, comme si l'harmonie générale n'était pas entièrement faite de *pour* et de *contre*, de forces antagonistes, qui se balancent pour équilibrer le tout, on se récrie, sans réflexion, contre les discordances d'où sort le parfait accord.

C'est ainsi qu'en parlant des parasites, M. Broca refuse de reconnaître « un créateur qui, après avoir créé des êtres, les aurait trouvés trop heureux et aurait pris plaisir à fabriquer d'autres êtres, spécialement destinés à altérer ou à détruire son œuvre première. »

Selon l'éminent professeur à la Faculté de médecine, l'hypothèse de la transformation naturelle rend
compte plus vraisemblablement du parasitisme.

« Chaque être, vivant comme il peut, dit-il, s'ins-
talle où il peut ; s'il trouve le moyen de s'établir sur
le corps d'un être plus grand ou dans l'épaisseur de
ses tissus et d'y puiser sa nourriture, il le fait ; si ce
nouveau milieu lui est favorable, il y prospère, il s'y
maintient lui et sa postérité ; mais il en résulte pour
lui un changement considérable d'habitude et d'alimentation ; toutes les conditions de la vie sont modifiées à un haut degré, et les modifications organiques
qu'il subit, en s'adaptant à cette nouvelle existence,
finissent par lui donner des caractères spécifiques qui
le différencient de ceux de ses congénères qui ont
suivi une autre voie (1). »

Ce n'est pas mal arrangé, tant s'en faut, mais nous
ne pensons point que ce soit là une explication plausible des contradictions et des inconséquences que
l'on relève dans le règne animal. Il n'est ni plus scientifique ni plus raisonnable d'attribuer ces imperfections
aux effets du hasard que de les mettre sur le compte
d'un créateur fantasque. Le hasard ne combine pas,
n'équilibre rien ; la science ne l'ignore.

Si le parasitisme n'est qu'un mal opposé au bien,
c'est probablement parce qu'il entre dans les combinaisons de bien et de mal que comporte le système
de la nature ; c'est parce qu'il remplit, dans ce système

(1) Revue des cours scientifiques, n° 35.

une fonction équilibrante, comme la maladie, comme
les fléaux, comme toutes les causes d'altération et de
destruction qui y agissent d'une manière incessante,
contrairement aux causes perpétuelles de reproduction.

Le physiologiste organicien peut voir des défectuosités, par ci, par là, dans cet engrenage de fonctions
antagonistes ; le philosophe ne cesse point de se trouver en extase devant le prodige de pondération qui
est le résultat de ces concurrences ennemies. Tandis
que le physiologiste, jugeant de l'ensemble par le menu
détail, de l'extrême grandeur par l'extrême petitesse,
croit surprendre des maladresses, dans l'ordre physique, ou des extravagances, dans l'ordre moral, le
philosophe demeure émerveillé de l'infaillible esprit
de suite et de l'immanquable prévoyance qui se révèlent dans les plus petites comme dans les plus
grandes choses de cet ordre universel dont on veut
faire un enfant du hasard.

Lorsque vous voyez un parasite s'attacher au corps
d'un autre être et le faire périr de consomption, un
poisson faire sa pâture d'un autre poisson, un herbivore dévoré par un carnassier, un homme même devenir la proie d'une bête fauve, l'impression que vous
en éprouvez, paraît il, vous porte à douter que la vie,
dans ces conditions de souffrance, soit le fruit d'une
pensée réfléchie, et, au nom de la science, vous dé-
clarez que l'on ne peut admettre l'idée d'un créateur
capricieux et injuste, d'un créateur qui prendrait plaisir à tourmenter ses créatures.

Quelle est la science qui professe une pareille opinion ? Apparemment ce n'est pas celle qui, s'inspirant de la splendeur du spectacle de la création, applique sa sagacité à constater que les moyens de ruine de la vie particulière sont logiques aux moyens d'expansion de la vie générale. Ce doit être la science qui voudrait renfermer étroitement la suprême grandeur de la pensée du monde, dans les bornes de l'infime pensée humaine, la science qui aspire à asseoir les bases de la philosophie moderne sur une sorte de droit au bonheur.

Quoi ! la perspicacité et le savoir, livrés à l'étude de la nature, n'aperçoivent pas que l'ordre y repose sur une combinaison de contraires ; que le bien et le mal y existent systématiquement l'un par l'autre ; que la souffrance et le bien-être individuels, le malheur et le bonheur, sont des conditions expresses de cette harmonie et non les conséquences de défectuosités que le hasard y aurait glissées ; enfin, que c'est faire une bien vaine critique des résultats concordantiels de l'œuvre, que de l'attaquer dans quelques-uns de ses détails.

Pourtant, s'obstinera-t-on à dire, l'existence d'organes rudimentaires ou inutiles, chez les animaux et les végétaux, est bien une preuve que ces êtres sont passés par des formes qui comportaient l'usage de ces organes, maintenant nuls ou oblitérés. Prenez garde, vous pourriez être conduit à soutenir des absurdités, par exemple celle-ci, que l'homme, ayant inutilement des mamelles, doit avoir eu un progéniteur uniquement féminin.

Conséquences géogéniques. — Effets de la température. —
Division climatologique des espèces. — Variabilité de la constitution des êtres vivants.

C'est égal, qu'elle soit scientifique ou non, elle ne
repose pas sur un fondement solide, cette sorte de
métempsycose, à laquelle on a recours autant pour
trouver des excuses à de prétendues erreurs de la
nature, que pour se rendre compte des divergences
progressives caractérisant, dans ses phases diverses,
le développement du monde vivant. En y regardant
avec les yeux du bon sens et de la raison, on ne peut
voir que de pures rêveries dans ces idées de transformations lentes ou brusques, qui feraient dériver d'un
stupide poisson, l'oiseau agile et mélodieux, d'un
lourd crocodile ovipare, la baleine rapide et vivipare,
d'un carnassier, un herbivore, d'un animal à sang
froid, un animal à sang chaud, d'un instinct noble, un
instinct rapace, et enfin du fœtus d'un singe, grossièrement ébauché sur le patron humain, l'homme et
l'essence immatérielle qui ne se trouve qu'en lui.

Certes, il est plus rationnel de penser que, par un
procédé qui reste le secret de la nature, la matière
s'étant, une première fois, imprégnée du principe de
vie, le même effet a pu et a dû sortir de la même
cause, à chacun des degrés successifs de l'organisation
de la terre. Ce point admis, on arrive logiquement à
attribuer le perfectionnement et la multiplicité des espèces, non plus à un étrange système de transmuta-

tions vraiment trop susceptible d'aberrer et de produire la confusion, mais à des expansions successives
de la force vivifiante, disposant de nouveaux éléments
de variabilité et agissant dans des conditions atmosphériques et géogéniques sensiblement modifiées, à
mesure que se faisaient la stratification des terrains et
le retrait des eaux.

Il est sûr et certain que le développement de la vie
s'est opéré graduellement et lentement, comme celui
du sol. Cela se voit surtout, sans grande peine, dans
le règne végétal. Chaque flore qui succède à une autre
flore, depuis l'origine de la végétation dans la mer
primitive, jusqu'à la dernière formation quaternaire,
occupe un rang plus élevé dans l'ordre de la perfection
organique. C'est ainsi qu'après le monotone groupe
des thalassophytes ou algues marines, dont on retrouve les traces dans les dépôts siluriens, arrive la
collection, si variée, des cryptogames vasculaires, ces
gigantesques fougères, calamites, prêles, lycopodes,
sigillaires, sphénophyles, qui prirent naissance dans
les formations dévoniennes et sont devenues les éléments du système houiller ; c'est ainsi que les phanérogames gymnospermes précèdent les phanérogames
angiospermes, dans les formations ultérieures.

Mais s'il est patent que la vie n'a pas, tout d'un
coup, débordé de sa source et atteint la plénitude de
sa diversité, dans le règne végétal, et s'il est bien vrai
que chaque degré de la perfection de la matière y
soit l'expression d'un progrès de l'essence vitale, il
ne suit pas de là que la première plante terrestre qui

apparut, dans les terrains dévoniens, dérivât de l'un des végétaux de la mer silurienne ; que les familles monocotylédonées soient issues de familles acotylédonées, les plantes dicotylédones de plantes monocotylédones.

Malgré les rapports qu'ont entre elles toutes les familles végétales, on se perd à chercher le point généalogique par où elles se relient les unes aux autres.

C'est que l'on cherche des liens de parenté là où il n'y a que des divisions hiérarchiques, qui se sont formées chronologiquement, dans une succession de milieux venus avec des propriétés différentes, suivant l'ordre de l'élaboration géogénique.

De toutes les causes générales qui ont influé et influent encore sur la physionomie de l'un et de l'autre des règnes vivants, celle dont l'action est le plus sensible, c'est la température. Cela ressort de la ressemblance des animaux et des plantes, sur toute l'étendue du globe, pendant l'immense durée des formations géologiques antérieures aux soulèvements jurassiques. Partout où l'on rencontre la houille, en Europe, en Afrique, en Asie et même en Australie, on constate l'homogénéité des matières végétales que représente le charbon minéral, et les animaux contemporains de la flore houillère ont également laissé de leurs débris sur les points les plus opposés. Il en est de même de grand nombre d'espèces animales et d'espèces végétales dont l'apparition eut lieu sur les premières couches tertiaires. Ainsi, le crocodile, le grand hip-

popotame, le dinothérium, le rhinocéros, ont habité
le bassin de la Seine, tandis que croissaient, dans
cette région, les palmiers africains.

Apparemment, une température uniforme régnait
alors sur la terre, et, à en juger par le caractère tro-
pical de la flore et de la faune qui ont prédominé,
d'une manière générale, au moins jusqu'après la
première assise du miocène, cette température devait
être très-élevée. On l'évalue à une moyenne de 22 à
25 degrés centigrades, et comme, pour des raisons
astronomiques, on ne peut attribuer cette égale répartition de la chaleur à l'action du soleil, on présume
qu'elle fut l'effet d'un dégagement de calorique
propre à la planète, et qui, se condensant autour
d'elle en une atmosphère d'épaisses vapeurs, enfer-
mait tous les foyers de la vie comme dans une serre
chaude.

La vraie cause du phénomène reste à découvrir,
probablement. Nous ne comprendrions point comment
les eaux, surchauffées par l'ardente transsudation de la
terre, auraient pu se peupler d'habitants pour la plupart conformés comme ceux qu'elles nourrissent
aujourd'hui. Mais il s'agit bien d'un phénomène qui a
existé et les conséquences qu'il a eues ont laissé, dans
la stratification des terrains, des empreintes non moins
évidentes que celles qu'y marquèrent, plus tard,
les contrastes du refroidissement, cette transition également extraordinaire, aussi inexplicable pour l'astronome que pour le géologue.

Par l'étude de ces conséquences, on est conduit à penser, sinon à reconnaître positivement :

Qu'après s'être manifestée et propagée dans des conditions absolument ignorées, la vie a traversé des régimes qu'il est impossible d'apprécier par une comparaison rigoureuse des faits encore agissants aux faits éteints avec leurs causes propres ;

Que le perfectionnement organique a dépendu et dépend encore du perfectionnement des milieux ;

Que si les animaux et les plantes peuvent être classés suivant une échelle de gradation organique, il est, cependant, de toute impossibilité de les ranger selon un ordre de gradation morale ;

Que s'il est vrai que la force créatrice n'existe pas ou ne se manifeste plus, dans le présent, on ne saurait pourtant nier qu'elle a dû exister, dans le passé, avec des caractères probablement analogues à ceux qui se développent dans la transmission de la vie ;

Que si, par suite de changements, dans le régime biologique et principalement dans la température, des organismes anciens ont disparu et fait place à des organismes nouveaux, ceux-ci ont dû, non dériver de ceux-là par voie de métamorphoses individuelles, mais naître, à leur tour, de la propriété vitale de milieux recéleurs et développeurs de nouveaux germes ;

Que le stationnement dans leur organisme originel d'un grand nombre d'êtres qui n'ont pas changé de forme, au milieu des changements du globe, rend tout à fait illusoire la nécessité d'adaptation, dont les transformistes font le moteur de leur système ;

Enfin, que si les familles, les ordres, les classes, les

genres et les espèces, de la faune et de la flore, se
sont constitués dans l'uniformité de la température
des premiers âges, c'est la division climatologique
survenue ultérieurement qui, sauf quelques groupes
cosmopolites, les a confinés régionalement et a scindé
les espèces en races diverses, susceptibles elles-mêmes
de se subdiviser à l'infini, par le croisement ou par le
déplacement.

En somme, par les vestiges et les empreintes qu'elle
a laissés, d'abord, dans l'argile, le sable et le calcaire
qui, diversement combinés, composent les dépôts sédimentaires, et plus tard, dans le trias, le terrain
jurassique et le terrain crétacé, il est évident que la
vie était déjà bien avancée à la formation du tertiaire
inférieur, l'étage éocène. Des algues et des fucus, des
foraminifères, des polypes, des coquillages, des
crustacés, aux poissons cartilagineux, aux cétacés,
aux amphibies, aux reptiles, aux chauves-souris, aux
dragons-volants, aux oiseaux gigantesques et à la végétation qui fut le principal élément de la couche
carbonifère, il y a effectivement la place d'une immense chaîne de transformations. On n'en trouve
aucune trace ; c'est parce que, dit-on aux crédules
du transformisme, le temps les a effacées ou que la
mer les a ensevelies.

Par les débris d'animaux et de végétaux renfermés
dans les étages successifs de l'éocène, du miocène et
du pliocène, ainsi que dans les couches quaternaires,
il est également visible que la vie n'a acquis que graduellement sa complexité, son énergie et son intelli-

gence postérieures. Cependant et quoique, durant les âges les plus rapprochés de nous, les métamorphoses organiques aient dû surtout se produire sur le sol, il n'a pas été non plus découvert un seul fossile représentant véritablement le passage d'une espèce à une autre.

Le seul fait qui ressorte indéniablement de la géologie et de la paléontologie, c'est que le monde organique s'est perfectionné et s'est élevé, à mesure que les milieux favorables aux manifestations de la vie se sont dégagés du progrès même de l'écorce terrestre.

Il n'est point douteux que la constitution des êtres a varié et varie toujours, suivant les temps et les lieux, c'est-à-dire suivant les circonstances biologiques dont elle dépend.

En ce qui se rapporte aux âges passés, les traces de cette variabilité, exhumées des profondeurs de la terre, établissent que les organismes qui apparurent dès la répartition et l'agencement de la matière cosmique furent tout différents de ceux qui naquirent ensuite, quand à la propriété particulière aux matières minérales se fut ajoutée la vertu concurrente de la matière animale et de la matière végétale, l'une et l'autre élaborées et mêlées, par l'absorption et par l'assimilation, au courant universel de la force vitale.

En ce qui concerne l'époque actuelle, la variabilité des corps vivants est partout si manifeste que, pour nous en apercevoir, il nous suffit de passer d'un terroir à un autre, du littoral à la pleine terre, d'un niveau bas à un niveau plus élevé, ou de comparer

entre eux les produits de deux cours d'eau coulant
dans la même contrée.

Mais l'école transformiste, n'assignant aucune
borne à ce travail modificateur de la forme extérieure
des organismes, en fait découler un enchaînement de
métamorphoses progressives affectant les caractères
spécifiques, tandis que les disciples de Cuvier n'y
voient, ainsi que leur illustre maître, qu'une action
limitée, agissant uniquement sur les traits physiques
et en produisant des variantes. Où est le vrai ? Les
hypothésistes prétendent qu'il est là ; les *stabilistes*
croient qu'il est ici.

Persuadé, que nous sommes, qu'il est impossible
de découvrir, par la méditation dans le vide, comment
le fonctionnement des lois de la nature a pu produire
des résultats différents de ceux d'aujourd'hui, dans cet
obscur et incommensurable lointain des premiers âges
du monde, par quelles causes des espèces d'animaux
et de végétaux appartenant à une époque terminée
n'ont pas reparu à l'époque suivante et comment,
enfin, des espèces nouvelles ont succédé aux espèces
rejetées, ce sera en consultant les faits morphologiques et les actes de l'instinct, aussi bien dans la
paléontologie que dans l'histoire naturelle proprement
dite, que nous essaierons d'indiquer le terme où s'arrête la variation dans l'empire organique.

DEUXIÈME PARTIE

DISCUSSION
GÉNÉRALE

Les inconnues dans chacun des systèmes transformistes.

« Ce qu'ont fait, dans l'empire inorganique, les astronomes, les physiciens et les chimistes ; ce qu'ont fait, dans la biologie, les physiologistes-organiciens, le transformisme s'efforce de le faire, à son tour, dans l'histoire naturelle. Montrer que l'évolution des formes organiques, l'apparition des espèces, leur extension, leur extinction, leur succession, leur répartition, sont des phénomènes ordinaires, c'est-à-dire nécessaires et régis par des lois qui ne laissent aucune place à un pouvoir supérieur, tel est le but, ou du moins telle est la conséquence de cette hypothèse, dont la hardiesse étonne ou indigne même beaucoup d'esprits attachés aux croyances les plus répandues, mais qui, par là même, attire aisément à elle les esprits impatients de se soustraire au joug des dogmes. »

C'est ainsi que s'exprimait M. Broca, dans un de ses discours à la Société d'anthropologie, (1) et, généralement, les transformistes les plus convaincus

(1) *Revue des cours scientifiques*, n° 35.

reconnaissent, ainsi que l'éminent professeur, que la doctrine de la descendance des espèces les unes des autres, n'a d'autre base qu'une hypothèse donnant satisfaction à l'incrédulité de notre époque, en lui présentant une conception à peu près scientifique de la nature.

Nous ne sommes pas plus crédule qu'aucun des partisans de M. Darwin, d'Étienne Geoffroy-Saint-Hilaire ou de M. Haeckel, mais nous sommes loin de penser, avec ces messieurs, qu'il faille rejeter le principe de la fixité des types animaux ou végétaux, pour arriver à une solution naturelle du grand problème qu'ils agitent et résolvent si diversement.

Nous ne croyons pas plus qu'eux aux miracles, mais, lorsqu'un fait nous paraît impossible à expliquer scientifiquement, nous préférons passer outre que mettre un songe à la place d'une naïveté, et cela parce qu'il n'est point douteux pour nous, qu'en histoire naturelle, non plus d'ailleurs qu'en astronomie, en physique, en chimie et en biologie, la conception scientifique ne peut remonter des effets aux causes, d'une manière assez complète, pour qu'elle soit sûre de se trouver en face d'un ordre de choses qui se serait formé de sa propre essence et sous sa propre impulsion.

Cela dit, voyons si le transformisme est exempt de préventions mal fondées contre les anciennes croyances, et s'il est aussi dégagé qu'on le prétend d'incertitudes et de merveilleux.

D'un côté, on allègue un motif de suspicion contre

la notion de l'inflexibilité de l'espèce ; on dit : elle ne peut être vraie parce qu'elle se lie inséparablement à un système théologique subordonnant la vie et tous ses phénomènes à une volonté toute puissante, auteur et dominateur des lois de la nature.

D'un autre côté, on assure que le transformisme ne saurait se concilier avec l'idée d'un pouvoir supérieur, d'une intelligence suprême, qui aurait tout créé, tout organisé et dirigerait tout. Cependant M. Darwin n'a pas déclaré qu'il fût athée et Mme Clémence Royer, son habile traducteur en français, affirme qu'il ne l'est point. D'ailleurs, pourquoi la stabilité ne pourrait-elle, ainsi que l'évolution, avoir son principe dans le fonctionnement des lois naturelles ?

Dans le premier cas, observe-t-on, tout est mystère, tout est miracle : la science ne peut ériger en doctrine une simple énonciation de phénomènes surnaturels. Dans le second cas, au contraire, tout s'agence naturellement, tout a une généalogie ordinaire que l'entendement saisit, sauf la difficulté d'en expliquer scientifiquement le premier degré.

Ce ne serait donc qu'affaire d'un nombre d'inconnues de croire à la transformation plutôt qu'à la continuité de l'espèce. Le scrupule peut être respectable, mais il ne vient pas, à notre avis, d'un examen sérieux de la quantité et de la valeur des inconnues amoncelées dans les théories transformistes.

La monogénie, il est vrai, nous place en face d'un miracle unique ; mais, sans la prévision, ni la direction supérieure, qu'elle écarte aussi arbitrairement qu'inutilement, quelle invraisemblable réunion de principes et de conséquences discordants, dans cette cellule primordiale, où se seraient trouvées, à l'état latent, et d'où se seraient écoulées, par la sélection naturelle, toutes les combinaisons anatomiques, morphologiques, physiologiques et psychologiques qui forment le monde vivant!

Avec l'oligogénie, on n'a pas davantage à accepter plus d'un commencement miraculeux; mais que d'inconnues encore, de problèmes insolubles, dans ce phénomène qui se développe en des effets divergents, lesquels seraient chacun le point de départ d'un embranchement, dans l'un ou l'autre règne! Soit dit en passant, cette doctrine, tout comme la précédente, fait songer à l'intervention que l'on nie et à l'exécution d'un plan préconçu.

Quant à la polygénie, qui attribue, aux êtres organisés, un nombre presque infini d'origines multiples, dans le temps, dans l'espace, dans les formes premières, et qui, laissant de côté l'explication darwinienne par la sélection, ne considère pas l'analogie de structure comme étant la preuve d'une filiation commune, fait sortir la transformation de sources où elle est au moins sériairement préparée, cette doctrine, plus récente que les deux autres, s'éloigne de la notion fondamentale du transformisme autant qu'elle se rapproche de la notion classique de la permanence de l'espèce. Elle ne désavoue en aucune façon l'idée aujourd'hui à la mode que les êtres vivants sont des produits naturels ; mais, au lieu de renfermer dans la cellule ou le protozoon, la grande inconnue de l'origine des choses, elle la fractionne, afin d'en rattacher les tronçons aux séries de la zoologie et de la botanique.

On le contesterait en vain, fût-ce avec le même talent que M. Broca a mis à traiter ce sujet, c'est là un hommage rendu à la vérité d'une ordination préétablie.

Quoiqu'il en soit, la polygénie, en scindant l'évolution, pour la faire rayonner en branches distinctes, ayant chacune un parcours défini, présente l'inconvénient d'introduire, dans le transformisme, précisément des phénomènes surnaturels, analogues à ceux qui répugnent aux savants et aux philosophes, dans la doctrine de Cuvier. N'y a-t-il pas réellement un insondable mystère dans l'apparition de ces germes à la forme ignorée, qui surviennent *sur des points très-différents et à des époques très-différentes*, sous l'influence de conditions qui ne peuvent être identiques, de l'équateur au pôle, alors que la répartition de la chaleur et de l'humidité a cessé d'être uniforme ?

Et ces foyers organiques, divers dans le temps, s'échelonnant dans l'espace et variant, à leur origine, les éléments de la création, n'ont-ils pas une ressemblance frappante avec la formation successive des espèces dans la théorie *stabiliste* ?

On le voit, ni la monogénie, ni l'oligogénie, ni la polygénie, aucun des systèmes mis en avant par l'école transformiste, n'est à l'abri du reproche mérité

de puiser à la source du surnaturel, tout comme la
vieille doctrine que nous soutenons. Même nous paraît-il que là, bien plus qu'ici, le miracle revêt des
proportions effarouchantes.

Ce protiste ou protozoon, « constitué par une seule
cellule, ou, moins encore, par un élément équivalant
à peine à un noyau ou à un nucléole, » et d'où seraient nées, avec toutes les formes connues des deux
règnes organiques, les qualités mentales ou morales
dont elles sont les enveloppes et les instruments, est,
pour sûr, à lui seul, plus surprenant que ne le sont
ensemble les actes du pouvoir créateur, dans l'antique
tradition qui rattache le monde organisé à une filière
de souches-mères invariables.

L'esprit exempt de préoccupation religieuse,
comme celui qui éprouve de la répulsion pour le naturalisme, conçoit plus facilement la spontanéité de
germes spécifiques prompts à se développer isolément
sous l'empire des milieux particuliers qui les ont produits, que le dégagement, d'un même foyer de vie
des formes les plus contrastantes et des instincts le
plus opposés.

M. Darwin a raison d'insinuer qu'il faut être doué
d'une certaine aptitude intellectuelle et scientifique,
pour comprendre le transformisme. Devant le spectacle de l'immobilité permanente, la pensée repousse
la possibilité du mouvement; on est entraîné à croire
que, dans les temps où la nature donnait presque généralement, aux êtres animés, des dimensions colossales que n'ont pas ceux d'aujourd'hui, ses lois avaien^t

une activité et une puissance d'élaboration qu'elles
n'ont plus actuellement. Ce n'est pas moins raisonnable que d'ajouter foi à ce que l'on dit de l'excen-
trique complexité animale et végétale du protozoon,
audacieusement proclamée par les monogénistes,
mais que les oligogénistes n'admettent qu'en la divi-
sant par classes, et que les polygénistes repoussent
résolument. Passons aux détails de la doctrine.

**Difficultés anatomiques ou physiologiques que rencontrerait
l'évolution transformatrice. Modifications morales ou essentielles qui devraient suivre les modifications physiques, chez
l'animal et chez la plante. Éducation à la vie du premier oiseau et du premier mammifère. Recherche du point d'intersection entre l'espèce accomplie et l'espèce commençante.
Sensations internes des organismes attribuées à l'influence
résultant de la forme de leurs organes.**

Lorsqu'une théorie dispose les faits sur un plan
fantastique pour en tirer des conséquences précon-
çues, il y a tout lieu de craindre qu'elle ne conduise
à un but imaginaire. C'est précisément le défaut du
transformisme d'ériger en système une série de suppositions combinées qui altèrent ou exagèrent l'expression des actes de la nature. Aussi, tout est-il
chimérique, dans ce système, les principes et les déductions, les causes et les effets, tout, même le rôle
des agents physiques ou moraux qu'il met en jeu.

Quoique, pendant son incommensurable durée, le
travail créateur paraisse avoir été bouleversé, modifié
et, peut-être, en partie refait, à plusieurs reprises,

les croyants au développement de la vie par la transformation, n'admettent pas que ce travail ait pu être interrompu même partiellement. Pour eux, la première impression de vie qui se manifesta dans les terrains sédimentaires, est le point de départ des générations d'animaux et de végétaux actuellement vivantes : l'homme aurait eu pour ancêtre un infusoire, une monade, nombre de fois transformée, peut-être une plante devenue un animal ; le chêne serait issu, par dérivation, du premier filament organique qui s'irradia sous la forme d'une feuille d'algue. C'est au moins un peu leste.

Cependant, au soutien de cette doctrine, on invoque, de bonne foi, le témoignage des modifications qui s'effectuent, de nos jours, chez les animaux et les plantes, par l'œuvre de la domestication. Il y a ici une grande erreur, car la domesticité n'offre que des preuves inconsistantes, sinon des témoignages absolument différents de ceux dont on aurait besoin, pour établir, soit la réalité de la dérivation lente, selon que l'entendent les disciples de Lamark, M. Darwin en tête, soit de l'évolution brusque, telle qu'elle a été conçue par Étienne Geoffroy-Saint-Hilaire.

Tout d'abord, les théories de la transformation présentent un attrait irrésistible ; l'esprit spéculatif du naturaliste en est d'autant plus séduit qu'il y aperçoit une voie conduisant à la solution de l'un des plus graves problèmes dont il est préoccupé, le problème de l'éducation à la vie des espèces animales qui ne peuvent se passer de nourrice, de la protection d'une mère, au début de leur existence. Mais, si pleine de charmes que soit l'illusion, un moment arrive où il faut se résigner à n'y voir qu'un vain songe.

La transmutation de la matière se poursuit sans grands obstacles, du moins en apparence, de l'infusoire et du filament à peine animés à tous les intermédiaires qui séparent la formation élémentaire de l'organisme composé. C'est à merveille jusque là ; rien n'échappe et rien ne paraît physiologiquement impossible de la gradation, tant que le mouvement, renfermé dans le cercle des premières ébauches de la vie, ne doit produire que des résultantes de même valeur mécanique ; mais que l'on fasse un pas de plus et aussitôt l'on se trouve en face d'inextricables difficultés.

C'est, d'abord, l'insuffisance manifeste des éléments anatomiques, pour amener le vertébré rudimentaire ou le végétal éphémère, à franchir, un à un ou par sauts plus rapides, les degrés de l'échelle de perfectionnement qu'on lui fait si facilement parcourir en imagination. C'est, ensuite, l'impossibilité d'apprécier et d'indiquer aucune des modifications morales qui seraient la conséquence des modifications physiques, chez l'animal ou chez le végétal transformé, car, si l'évolution est vraie, l'instinct, les mœurs et toutes les facultés intérieures de la vie, doivent changer et se perfectionner, dans les deux règnes, à mesure que les organismes se modifient et s'élèvent. Si l'évolution est vraie physiquement et moralement, Cabanis ne s'est point trompé en avançant que le corps humain n'est qu'une sorte de machine distillatoire, où le cerveau sécrète la pensée, comme le foie y sécrète la bile et comme l'estomac y digère.

Quand nos yeux s'ouvrent sur les objets placés devant eux et qu'ils les réflètent; quand nos oreilles écoutent pour les répercuter en nous, les bruits extérieurs dont elles sont frappées; quand notre goût et notre odorat sont mis en jeu par la faim ou surexcités par notre gourmandise; quand notre conscience cède ou résiste à la tentation qui nous vient d'enfreindre la justice ou d'offenser la vérité, ce sont des sécrétions de notre cerveau, de notre estomac, de notre palais ou de notre cœur, mais ce ne sont pas des fonctions psychologiques, qui perçoivent ces images, ces sons, ces sentiments, ces notions de morale, et les font passer dans notre entendement, qui les apprécie, les analyse, et, à son tour, les transmet à notre mémoire, où ils sont classés et conservés.

Si l'évolution est vraie, au physique et au moral, l'âme humaine ne peut être véritablement qu'un composé de sécrétions.

Nous ignorons absolument tout à cet égard, et ni Buffon, ni Cuvier, n'en savaient rien non plus; mais vous qui assimilez nos mouvements immatériels aux sérosités que dégagent le foie et le rein, qu'en savez-vous?

Mme Clémence Royer, traduisant M. Darwin, assure en vain que son auteur n'est point matérialiste: on ne saurait avoir la croyance à la transformation sans croire aussi que l'intelligence, la volonté, la raison, la conscience et tous les autres attributs moraux qui distinguent l'homme de la brute, ne sont, chacun particulièrement, que la sécrétion d'un organe spécial; on ne saurait être transformiste, d'une façon ou d'une autre, sans sacrifier au Dieu inconscient des panthéistes.

Et, en effet, la matière ne serait-elle pas la source de toutes choses, dans l'ordre moral aussi bien que dans l'ordre physique, s'il était avéré que le développement des facultés immatérielles de la vie, dépend du degré de perfection auquel sa forme visible a pu arriver fortuitement ?

Mais, s'il est apparent que les espèces confinent entre elles par des similitudes organiques, quelquefois très-rapprochées, on ne voit pas, cependant, le point d'intersection entre l'espèce accomplie et l'espèce qui commence ; on ne découvre par la juxtaposition indispensable pour que l'on n'ait point à rechercher la mère capable d'élever l'oiseau sorti de l'œuf d'un reptile ou de l'œuf d'un poisson dévié, la nourrice qui allaitera le mammifère né d'un oiseau, si près que ce dernier soit de n'être plus un oiseau, les principes substantiels de la métamorphose du brin d'herbe devenu un marronnier ou un chêne. On ne découvre pas surtout comment, après avoir procédé avec la lenteur que l'on dit, au déploiement de la vitalité, de l'énergie et de l'intelligence, dans la matière, la nature fait tout à coup l'immense saut qui éloigne l'homme de l'animal.

Déjà pressent-on l'inanité de cette doctrine qui,

née du soupçon que la chaîne des êtres vivants serait formée d'anneaux sortis les uns des autres, essaie d'ébranler la croyance universelle en un principe dominateur de la matière, cette croyance qui est la base et la force de la morale, la règle supérieure des rapports dans les sociétés humaines ; on se dit déjà qu'elles sont plus spécieuses que rationnelles, ces théories plaçant la férocité des fauves, l'implacabilité de leur appétit, dans la vigueur de leurs griffes et de leurs mâchoires, attribuant, en un mot, à la structure particulière des organes de l'action extérieure, chez les animaux et, par suite, chez l'homme, le dégagement des sensations et des influences internes auxquelles ils obéissent et d'où découle leur cruauté ou leur douceur, leur courage ou leur couardise, leur bonnes ou leurs mauvaises qualités, tout ce qui leur assigne un rang propre, élevé ou inférieur, dans la hiérarchie des créatures.

Plus on avance dans l'étude de ce système, où les effets sont pris pour les causes, plus on s'aperçoit qu'il repose, d'une part, sur des faits imparfaitement saisis ou trop largement interprétés, et d'autre part, sur des arguments purement hypothétiques, c'est-à-dire sur des possibilités qui ne mènent à aucun résultat positif, parce qu'il est trop facile de leur opposer des possibilités contraires, ainsi que l'a savamment démontré M. de Quatrefages, dans sa recherche des preuves du transformisme (1).

Sans doute, la doctrine de Cuvier, non plus que

(1) *Revue des Deux Mondes*, 1869.

celle de M. Darwin et des autres chefs de l'école transformiste, ne dispense de chercher un éducateur pour la vie encore sans précédent, l'éducateur de l'oiseau et du mammifère les premiers venus : mais au moins Cuvier a une ressource dont ne disposent ni M. Darwin, ni Geoffroy-Saint-Hilaire, ni M. Haeckel, celle de s'en rapporter à la nature du soin d'élever ses premiers-nés. En disant la nature, nous entendons parler non de la force mue, mais de la force impulsive, celle à laquelle le matérialiste ne croit pas et que la science est bien forcée d'admettre, lorsqu'elle veut remonter à l'origine chaotique des éléments génésiaques, ou constater l'existence des lois supérieures qui régissent l'univers.

Il est évident qu'en attribuant le développement varié de la matière organique à des métamorphoses successives, qui auraient commencé aux générations élémentaires, les auteurs des théories transformistes se sont placés dans le cas de ne recourir qu'à des déductions scientifiques pour étayer leurs croyances. Or, pourraient-ils dire scientifiquement ce qu'est la vie, dans quelles conditions elle passe d'un degré inférieur à un degré supérieur, ou, à défaut, comment ont pu s'y façonner l'oiseau né d'un lézard et le marsupial issu d'un batracien ou d'un oiseau ? Cette question peut être indiscrète, mais elle ne l'est pas autant qu'est osée l'hypothèse de la sélection naturelle, tirant, petit à petit, du protozoon allemand, ou des prototypes anglais, ou encore des germes polygéniques, le grandiose déploiement de la chaine des organismes.

La sélection naturelle, conséquence de la lutte pour l'existence.
L'hérédité et la génération. Fine plaisanterie de M. Claparède.

Demandez à un partisan de la transformation
brusque de vous dire ce que peut être la sélection naturelle, selon les idées qu'il s'est faite du mode d'expansion de la vie. Il répondra que ce doit être l'union
libre d'individus de la même race ou une fortuite confusion de races et même d'espèces voisines, dans
l'acte de la reproduction. Nous-même ne l'entendons
pas autrement ; la sélection naturelle devrait être, en
effet, l'original de cette prétendue copie de la nature
que l'on désigne sous le nom de sélection artificielle
et dont les conséquences rapides sont connues de
tous les éleveurs.

Ce n'est pas exactement la même chose pour les
disciples de la grande école darwinienne, monogénistes ou oligogénistes ; pour eux, la sélection naturelle s'opérerait dans la génération, entre individus
de même race, par la rencontre de sujets dont un au
moins, sinon tous les deux, serait déjà entraîné vers
l'évolution par un avantage de tempérament qu'il
aurait remporté dans le combat, pour l'existence, et
qu'il pourrait transmettre à sa progéniture.

Cela signifie que la sélection naturelle est une
sorte de choix systématique, exercé par la loi de
l'hérédité sur les supériorités organiques qui se produisent nativement et distinguent, de leurs sem-

blables, les individus qui en sont doués. Par exemple, les descendants d'un couple animal identifié avec les milieux de son existence, peuvent être pourvus, à leur naissance, de différences organiques, de qualités d'adaptation dont leurs auteurs avaient, pour ainsi dire, contracté le germe sous l'action des causes ambiantes et sous l'influence de leur habitude. Cette première variation constitue un progrès au profit des individus qui l'ont acquise : mieux adaptés que les autres, ils ont plus de chances qu'eux d'échapper aux causes de destruction et de fournir leur appoint au repeuplement.

Il pourra en être de même pour tout ou partie de leur descendance, et, tandis que les individus les moins bien doués disparaîtront, la loi de l'hérédité accentuera de plus en plus, chez les survivants, les résultats de l'adaptation. De manière que, à la suite d'un certain nombre de générations, une simple variation organique, prononcée et fixée, sera devenue un caractère distinctif de race. La continuité du même phénomène accroissant la divergence, la distinction de race pourra amener une espèce, celle-ci un genre, puis une famille, un ordre et même une classe.

Tels sont le principe et les conséquences de la sélection naturelle, présumée l'agent principal de la transmission et du développement des caractères, dans les races et les espèces. Unie à l'hérédité, elle leur ferait subir, de génération en génération, des changements de formes qui, à la longue, les éloigneraient complètement des types auxquels elles appartiennent. C'est ainsi, diraient les admirateurs de Lamarck, que la baleine et les autres cétacés ont revêtu la forme des poissons après avoir été des reptiles sauriens semblables au crocodile.

Mais faisons attention que la sélection naturelle n'est pas un phénomène qui puisse rencontrer, d'une manière continue, l'adjection et le concours favorable de l'hérédité, qu'elle appelle absolument et sans lesquels elle ne pourrait qu'être oscillante et versatile. Ce n'est pas une vaine question de métaphysique que nous soulevons là : l'hérédité a des conséquences concrètes, matérielles, qui ne sauraient échapper aux yeux. La théorie la montre agissant lentement, mais immanquablement, toujours sûre de saisir et de relier, les unes aux autres, dans leur ordre graduel, les suites de la sélection. Le fait révèle que l'hérédité est prompte, indécise, capricieuse, qu'elle produit le plus souvent des effets fugitifs ou transitoires, bientôt effacés, interrompus ou modifiés, par l'œuvre tergiversante de la génération.

Et comment l'hérédité pourrait elle exercer une action soutenue, régulière et uniforme lorsque le choix naturel ou artificiel des reproducteurs, l'a fait agir sur des éléments incessamment variés soit par les influences modificatrices, soit par la différence des causes et des circonstances déterminantes du choix ? Donc, le fait dément l'hypothèse, et, ainsi entaché d'inexactitude, le mode de transformation darwinien perd toute vraisemblance.

Remarquons aussi que, dans les conditions d'ailleurs

très-incertaines, qui prépareraient et provoqueraient la sélection naturelle, il n'est rien qui ressemble à ce combat pour l'existence, dont M. Darwin a dépeint les péripéties avec une faconde généralement admirée. Si Lamark, qui fait surtout entrer dans les moyens actifs de la transformation, des causes instinctives, telles que la volonté et l'habitude naissant, chez l'animal ou chez la plante, de la nécessité de se façonner aux changements de milieux, avait nommé lutte pour l'existence l'effort particulier qui conduit les individus à l'adaptation, il aurait heureusement qualifié le phénomène. Mais les faits dont il s'agit, dans la brillante métaphore de l'auteur de *l'Origine des espèces par sélection naturelle* et de *La descendance de l'homme*, placent l'esprit plutôt en présence de répudiations pondératrices passivement subies, que devant le tableau d'une bataille.

La concurrence des forces vitales se disputant la survivance, par la vigueur de leurs éléments génératifs, ressemble plus, en effet, à un acte de la nature sur elle-même, qu'à une action des êtres entre eux ou contre la nature. C'est bien, si l'on veut, l'image d'une bataille, mais d'une bataille laissant en dehors de l'engagement la partie intéressée au combat, celle-là même qui doit profiter de la victoire ou qui doit en souffrir un désavantage.

On dit : ce que font les éleveurs est une imitation de ce que fait la nature ; de même que la sélection artificielle, par le choix des sujets, peut reproduire une race durable, de même la sélection naturelle en rapprochant les individus doués de certaines qualités natives, doit préserver leur postérité de l'élimination qui atteint les êtres les moins bien adaptés.

Mais, quand même il soit vrai que la nature fasse, par hasard, ce que l'éleveur fait méthodiquement, y a-t-il là, d'un côté ou de l'autre, une apparence de combat de l'existence pour elle-même, c'est-à-dire un indice de la participation de l'instinct au triage éliminateur ? Pas le moins du monde, parce que le hasard, impulseur des causes de variation, dans le système naturel, et l'éleveur, qui s'empare de la direction de ces causes, dans la combinaison artificielle, font leur office, chacun pour son compte, avec le concours et la sujétion passive des êtres vivants à la loi de reproduction.

Qu'y a-t-il, en effet, qui éveille l'idée d'une lutte de la vie pour la vie, soit dans le fait de sélection domestique se produisant par le rapprochement, artificiellement ménagé, d'individus assortis au but que l'on se se propose, soit dans le fait de sélection naturelle qui sera la suite d'une accointance fortuitement amenée et dotera le sol ou l'eau d'une race nouvelle ? Cette question n'est, à la vérité point embarrassante, ni pour M. Darwin, ni pour ses émules ou ses disciples, MM. Huxley, Wallace, Haeckel.

Il n'importe nullement, répondront-ils, que l'action individuelle ne soit pas ostensible dans le phénomène constitutif d'une variation organique, chez l'animal qui naît. La sélection naturelle n'est-elle pas secondée par un auxiliaire dont l'humeur belliqueuse et l'ambition tyrannique ne peuvent se nier ? Comment ne voyez-vous pas que la loi du combat règne partout dans le monde des animaux ? Qu'est-ce donc que la préférence des femelles pour les mâles d'apparence distinguée, le manège de séductions auquel elles se livrent, pour attirer à elles leurs préférés, l'acharnement des mâles à chasser ou à détruire leurs compétiteurs à la possession de belles femelles ? Voyez l'exemple des gorilles, qui se battent entre eux, à la façon des Peaux-Rouges, pour triompher de leurs rivaux. L'artisan de toutes ces luttes c'est l'amour, introducteur de la sélection sexuelle, cet auxiliaire batailleur de la paisible sélection naturelle.

Notez bien, ajouteront-ils, que sélection sexuelle veut dire succès des individus les mieux doués, dans le conflit avec les autres individus du même sexe ; que sélection naturelle signifie avantage remporté, par les deux sexes à la fois, dans la mêlée générale, et, en somme, que la lutte pour l'existence se révèle manifestement dans le spectacle éternel des attentats de la vie contre la vie.

C'est vrai, dirons-nous, à notre tour, l'existence n'est qu'une continuelle revendication du droit de vivre, toujours menacé de suppression ; mais ce n'est pas la place *dans le temps*, c'est la place *dans l'espace* et la faculté d'y subsister, qu'une partie de la création dispute et ravit à l'autre partie. Aucune considération physique ne justifie l'hypothèse ouvrant à l'instinct une perspective au delà des besoins immédiats de la vie. Pour lui, tout se renferme dans l'actualité : ses mobiles, ses actes, comme la direction à laquelle il obéit. L'image darwinienne, plaçant sur le terrain de la procréation, une lutte qui serait sans objet pour l'instinct, n'est donc que la vaine expression d'une vaine chose. Quoique l'on en dise, ce n'est pas sur ce terrain que la loi ou pour parler plus vrai, l'utopie de Malthus, met en jeu les intérêts de la bataille pour l'existence.

Abandonnée à elle-même ou contenue dans les limites d'une race caractérisée par la distinction des mâles ou des femelles, la sélection naturelle, dont on peut facilement suivre et apprécier les résultats, chez l'homme et les animaux qu'il a subjugués, ne peut avoir que des effets absolument nuls, au point de vue de l'évolution, car nous les voyons favoriser ou contrarier, tour à tour, le perfectionnement organique. De cette action intermittente de chances favorables et de chances contraires, que peut-il sortir, sinon une fin complétement négative de l'évolution du principe de la vie ?

On n'a d'ailleurs que faire ici de la prétendue loi de Malthus, parce que, dans ses calculs du rapport de la population avec les subsistances, le célèbre économiste méconnaît les faits les plus saillants de l'histoire naturelle, et, par suite, ne fait pas de la science exacte. Ne voulez-vous pas vous leurrer, ainsi que lui, d'hypothèses invraisemblables, mettez-vous, par la pensée, en face de la prodigieuse exubérance de la vie, à tous ses degrés et dans toutes ses diversités ; voyez de près comment cette profusion est ramenée aux proportions de l'espace inextensible dans lequel elle se déploie, et demandez, ensuite, à votre conscience ainsi éclairée, s'il est possible que l'équilibre entre les deux règnes vivants et entre les espèces, dans chacun de ces règnes, résulte de l'action de l'instinct, du combat de la créature pour son existence. Votre conscience vous répondra probablement que l'influence des êtres, les uns sur les autres, n'est qu'une circonstance sans portée considérable, parmi les causes pondératrices, qui rejettent, dans le courant de la vie générale, l'excès de la multiplication des animaux et des végétaux.

Et, véritablement, qu'est-ce, sinon un infime incident que la lutte de la vie contre la vie, au milieu de la formidable bataille que la production soutient contre la destruction ? On a supputé que si le frai du hareng venait tout à bien, en moins de cinq années, la surface de l'Océan serait entièrement couverte par cette espèce de clupe. Eh bien, il existe une multitude d'autres poissons dont la fécondité égale et surpasse même, celle du hareng ; d'ailleurs, tous les poissons ovipares, depuis les plus grandes espèces jusqu'aux plus petites, pondent une profusion d'œufs ; c'est à tel point que la mer cesserait d'être navigable si toute la semence poissonneuse qu'elle reçoit annuellement y prospérait. Cependant l'Océan n'est nulle part obstrué.

Les facultés de propagation ne sont pas moins excessives chez les espèces du sol, animaux ou plantes ; beaucoup, parmi les plus communes, seraient capables, en une courte durée de temps, de se répandre sur toute la surface de la terre. Pourtant, aucune, pas même l'espèce humaine, souveraine du territoire, ne parvient à s'y faire une place hors de proportion avec celles qu'y occupent les autres espèces.

C'est que sur le sol, comme dans les eaux, toute action extrême de la force expansive de la vie, ne tarde point à être arrêtée et refoulée par l'action contraire de la force pondératrice. Voyez les éléments faire, par intervalles, d'immenses dégâts des richesses à peine ébauchées de la faune et de la flore ; voyez encore les innombrables causes occultes de destruction qui, au jour le jour, frappent la vie en détail sans distinction du degré de développement auquel elle est parvenue.

C'est la pondération passant le niveau équilibreur sur toutes les expansions hors de mesure, pour les ramener au dedans des limites qui leur sont asssignées dans l'harmonie universelle. Rien ne démontre, ni ne fait supposer que la concurrence vitale rencontre un semblable régulateur au delà de la procréation et dans le fait même de l'instinct qui pousse les êtres à l'accomplissement de l'acte générateur.

Appelons d'ailleurs l'attention des esprits sérieux, sur ceci que la sélection naturelle, présentée comme étant la conséquence d'une loi née de la vie même, la loi de la concurrence vitale, n'a pu, cependant se produire qu'alors que la vie avait déjà fait bien du chemin, dans le temps, dans l'espace et dans la voie de la perfection, s'il est vrai qu'elle ait commencé par des rudiments perfectibles.

Sans doute, il existe des affinités d'attraction entre les êtres qui procréent par l'union des sexes, et le sentiment ou l'instinct qui amène ce fait, peut être nommé sélection naturelle ; mais il serait absurde, nous semble-t-il, de donner ce nom à l'aveugle action des causes qui mêlent le pollen d'une fleur à celui d'une autre fleur, de le donner surtout à l'irroration par laquelle les poissons mâles fécondent les œufs que les mères ont pondus, côte à côte, dans le même herbier ou dans la même anfractuosité rocheuse. Fût-ce dans un langage imagé, on ne saurait attribuer un rôle sélectif, ni au vent qui transporte des uns aux autres la poussière séminale des végétaux, ni au courant sous-marin qui met en contact le frai répandu par les femelles avec la laitance fécondante épanchée par les mâles. Les vents et les courants ne peuvent être que des impulseurs capricieux, souvent des agents de polygamie, dans l'acte de la fécondation des plantes et des poissons.

Par conséquent, la sélection naturelle découverte, ou plutôt imaginée par M. Darwin, serait restée longtemps inconnue, dans l'empire organique, et y serait un fait relativement peu ancien, ne remontant pas au delà de l'apparition du premier couple animal en état de procréer par le rapprochement des sexes, un fait, dans tous les cas, qui ne s'étendrait qu'à une partie de la faune.

On nous met donc en présence d'un agent insuffisant, en invoquant la sélection naturelle, pour prétendre que les espèces supérieures proviennent, par une série de générations ininterrompues, des espèces inférieures dont on retrouve les débris dans les terrains primitifs.

Encore une objection : pour venir la dernière, elle n'est pas la moins sérieuse de celle que soulève dans notre esprit, l'hypothèse darwinienne. D'une part, on représente les variations organiques constitutives de l'adaptation des êtres aux milieux régnants, comme les éléments vitaux qui triomphent dans la lutte pour l'existence; d'autre part, soit que l'on compare les espèces vivantes à celles des espèces fossiles dont elles paraissent provenir, soit que l'on cherche le point de bifurcation où se seraient séparées les espèces actuelles qui semblent sortir d'une même souche, on ne trouve que des filières rompues, des chaînes dessoudées, en divers endroits, et auxquelles il manque un grand nombre d'anneaux pour se reformer à la mesure des infiniment petits de l'évolution par sélection naturelle.

Ce résultat, absolument négatif d'une liaison indispensable, apporte quelque dérangement à l'économie de l'hypothèse. Vous dites que les êtres qui se sont le mieux adaptés aux conditions de leur existence, ont la chance de survivre aux autres et de continuer leur espèce. Ce doit être une erreur, car les faits sont en contradiction avec la théorie. D'abord, l'histoire naturelle nous montre, en mêm temps que de nombreux restes vivants de la faune et de la flore des premiers âges, les produits prétendus transformés de l'âge présent. Ensuite, la paléontologie, ainsi que l'histoire naturelle, nous fait voir que les genres sont assez généralement séparés, les uns des autres, par des intermédiaires introuvables.

Évidemment, si la survivance était un avantage inhérent à la modification organique qui se serait produite dans le sens de l'évolution, cet avantage aurait dû surtout profiter aux plus avancés des intermédiaires à travers lesquels un genre est arrivé à fonder un autre genre.

Par exemple, dans le cas de la supposition que l'homme dérive du singe, supposition extravagante devenue chère aux philosophes matérialistes, la sélection naturelle, pour transformer l'instinct de la brute en l'entendement humain, a eu à confirmer une série de variations organiques laissant fort en arrière le simien le plus perfectionné. Dès lors, le chimpanzé, si ce n'est le gorille, a dû avoir des rejetons mieux adaptés que lui-même, des rejetons plus aptes que lui à vivre et à propager dans les milieux nouveaux. Il est donc surprenant qu'aucun de ses rameaux ne lui ait survécu, ni laissé de trace, et que lui qui devait périr par défaut d'adaptation, soit parvenu jusqu'à nous, en traversant des régimes pour lesquels il n'était pas fait.

Si, en faisant l'examen de la doctrine darwinienne, M. Broca avait donné à ses réflexions la direction que les nôtres ont prise, il eût probablement hésité à avancer que c'est en plaçant à la base de son système

des faits certains et des lois positives, que M. Darwin
a fait une vive impression sur les esprits.

La variation individuelle est un fait incontestable,
puisqu'elle se traduit physiquement ; la transmission
éventuelle de la particularité née d'une variation, est
aussi un fait non douteux, puisqu'il est apparent
comme le premier ; mais la cause originelle de ces
phénomènes existe, tout à la fois, dans l'influence
modificatrice des milieux et dans le mélange génésique.

Les milieux sont le champ même de la lutte, non
entre les individus, mais entre les forces adverses de
la nature, les forces vitales et les forces annihilantes.
Le mélange génésique est la résultante de ce facteur
que M. Darwin désigne sous l'appellation de sélection naturelle et prend pour la conséquence d'une
cause qu'il imagine, en se représentant les éléments
générateurs, les sympathies et les antipathies organiques, comme entraînés dans une sorte de bataille
magnétique où ils poursuivent, à leur insu et, avec le
succès de leurs prédilections amoureuses, la conquête
d'une particularité évolutionnaire.

Écoutons M. Claparède raconter avec l'esprit et le
bon sens qui lui sont familiers les péripéties de ce
combat métaphysique, pendant qu'il raille finement
M. Wallace, une des colonnes de la doctrine, d'appe-
ler, dans certains cas difficiles, une inconnue, la
force supérieure, au secours de la sélection naturelle.

« M. Wallace, dit M. Claparède, n'a pas reculé

devant l'explication de la formation graduelle du chant
de la fauvette et du rossignol par voie de sélection
naturelle. La chose est toute simple, et bien fou serait
celui qui voudrait recourir à l'intervention d'une force
supérieure amie du beau. Les fauvettes femelles et
les rossignols de même sexe, ont toujours accordé,
de préférence, leurs faveurs aux mâles bons chanteurs. C'était la conséquence de leurs goûts musicaux et des aptitudes harmoniques de leur oreille.
Malheur aux pauvres mâles à registre peu étendu ou
à timbre fêlé ; les douceurs de la paternité leur ont
été impitoyablement refusées ; ils sont morts de ja-
lousie dans la tristesse et l'isolement. Ainsi s'est
formée la race des bons chanteurs qui peuplent nos
bocages.

« Pourquoi n'y a-t-il pas de chanteuses? Sans
doute que les oiseaux mâles ne se sont jamais souciés
de la voix de leurs épouses, soit parce qu'ils n'avaient
pas l'oreille juste, soit plutôt, car cela serait contradictoire, parce que leurs goûts musicaux étaient suffisamment satisfaits par leurs concerts personnels.
Peut-être aussi les femelles n'avaient-elles point d'aptitude virtuelle au perfectionnement de la voix ; peut-
être avaient-elles atteint l'extrême limite de développement vocal compatible avec l'organisation d'un
oiseau du sexe féminin ; ou bien enfin la sélection
naturelle produite sous l'influence des poursuites
exercées, par des ennemis de toutes sortes, contre
les belles couveuses, sélection favorable, selon
M. Wallace, à la production de couleurs sombres,

a-t-elle mystérieusement éteint même l'éclat de la voix. Quoiqu'il en soit, il est évident pour M. Wallace que la sélection sexuelle, en d'autres termes, le goût des dames fauvettes pour la musique, a amené le grand perfectionnement de la voix des virtuoses de l'autre sexe. » Mais, demande le spirituel frondeur, « dans l'espèce humaine, la chose aurait-elle pu se passer ainsi ? Le chant harmonieux et enchanteur d'une *prima dona* aurait-il pu naître et se perfectionner par voie de sélection ? Le goût musical des auditeurs pourrait-il avoir eu une influence séléctrice sur ce phénomène ? »

Et après avoir posé cette triple question, continuant sur le ton attique qui sied au sujet, et dont il possède si parfaitement la note agréable, il fait à sa propre interpellation une réponse imitative de l'argumentation wallacienne qu'il a prise à partie :

« Jamais, au grand jamais, s'écrie-t-il. Seule, l'intervention d'une force supérieure a pu amener un résultat pareil, car jamais homme primitif n'a eu de goût pour la musique. M. Wallace le sait bien : il a vécu si longtemps parmi les sauvages, qui ont pu le lui dire. Au contraire, les femelles fauvettes primitives et les femelles rossignoles primitives, avaient déjà le goût musical, longtemps avant que leurs époux eussent appris à chanter. Comment M. Wallace le sait-il ? N'importe, il le sait. »

On conviendra qu'il est bien rare qu'une vérité, même une apparence de vérité, prête de cette façon à la plaisanterie.

Mais si la théorie de la sélection ne suffit pas à expliquer l'immense hiérarchie des êtres vivants, les liens qui les unissent, les dissemblances qui les séparent et la fin de propagation spécifique qu'ils poursuivent, cela n'empêche pas M. Darwin d'être convaincu de l'origine bestiale de l'homme et de recourir à de nouvelles considérations abstraites, pour démontrer que la vie universelle repose en réalité sur le principe de la vie individuelle. Dans son livre récent: *The expression of the emotions in man and animals*, il s'attache à comparer la mimique humaine à celle de la bête. La façon dont l'homme en colère porte ses lèvres en avant, comme pour mordre et déchirer, la contraction qu'il imprime à l'un des côtés de sa lèvre supérieure, comme pour montrer une de ses canines, lorsqu'il éprouve le sentiment de la méfiance, la tendance à mordre qu'ont les enfants, surtout chez les sauvages, lui paraissent être des habitudes héréditaires et autant de preuves que l'homme provient d'animaux ayant la coutume de combattre et de se défendre avec les dents.

Pour nous, ce raisonnement est aussi concluant que si l'on disait : l'homme se nourrit de chair, de poissons et de végétaux : il doit provenir d'animaux qui mangeaient de toutes ces choses.

Du reste, fussions-nous amené à prendre la sélection naturelle pour une hypothèse probable et à croire que l'idée transformiste, par ses infinitésimes gradations, réglées sur une incalculable longueur de temps, ne fait, ainsi qu'on le prétend, nulle violence

aux lois de la physiologie, nous ne serions pas pour
cela rassuré sur le sort de la progéniture du poisson
et de l'oiseau, que l'action des milieux ou des autres
agents de l'évolution, a fait dériver, l'un vers le type
ornithologique, l'autre vers la classe des mammifères.
Il nous resterait à faire la découverte du point mi-
toyen où peut s'opérer la confusion anatomique des
classes, ainsi que le changement d'instinct et de
mœurs.

Évidemment, nous sommes là dans l'inconnu, absolument comme au point de départ de la doctrine
fondée sur la continuité de l'espèce ; nous sommes là
cherchant vainement un sentier qui nous dirige vers
la solution d'une insoluble difficulté.

La domesticité et la nature libre, La matière et le principe
de son organisation.

Incontestablement, dans la vie soumise à la domesticité, les milieux, l'alimentation, l'habitude et surtout
la sélection artificielle, exercent une influence modificatrice sur quelques parties de la structure des
animaux et des végétaux. Ces agents de différenciation
règnent là souverainement, tyranniquement. La plante
et l'animal domestiques doivent périr ou s'adapter aux
conditions d'existence qui leur sont imposées.

Il n'en est pas de même, tant s'en faut, dans la nature libre. Ici, point d'oppression des espèces par les
milieux. Ce sont ceux-ci, au contraire, qui sont géné-

ralement faits pour celles-là, puisqu'ils en sont le foyer, et les milieux se trouvant ainsi en parfait rapport avec les inclinations et les besoins de leurs hôtes, l'habitude ne peut avoir à y préparer des déviations. Peut-être quelquefois l'imprévu y surgit-il du hasard, mais l'imprévu, ni le hasard, ne sont des instruments de l'harmonie de la nature.

Ce n'est pas, bien entendu, l'avis des transformistes que nous exprimons là. Selon certains d'entre eux, la matière organisée, même dans l'état naturel, serait si malléable qu'il suffirait d'une accointance aventureuse, d'un besoin ou d'une dépravation de l'instinct animal, d'un accident embryonnaire et même d'un simple changement des conditions biologiques, pour l'entraîner, avec la connivence de l'hérédité, dans des métamorphoses ayant une portée considérable. Selon nous, la profonde différence qui existe entre les milieux naturels et les milieux domestiques doit faire repousser les conjectures, plus ou moins scientifiques, sur lesquelles de grands esprits ont édifié une grande erreur.

En vain, émerveillé des commencements de transformation qui s'opèrent dans une basse-cour, objecterait-on que l'homme serait, à certains égards, plus puissant que la nature, s'il pouvait faire ce qu'elle ne fait pas. Dans cette sublime coordination d'éléments hétérogènes qui forment l'univers, il n'est rien, si petit, si faible ou si fort qu'il soit, qui ne remplisse un rôle ostensible ou imperçu, rien qui ne soit, à un degré sagement calculé, un agent de la nature. Il n'y a donc point lieu de s'étonner que l'homme, placé au sommet de l'échelle des êtres, soit un agent indispensable au développement de quelques-unes des conséquences renfermées dans les lois universelles.

Nous ne pouvons qu'être compris lorsque, parlant de l'influence réservée à l'espèce humaine, dans les combinaisons naturelles, nous nous trouvons précisément sur ce vaste terrain de la domestication, où cette influence fait tout, excepté l'impossible.

Or, dans la question où nous sommes, ce qui paraît être absolument impossible, c'est d'aller d'un terme à l'autre de la transformation, soit qu'on la fasse monter, soit qu'on la fasse descendre, sans rencontrer des fossés infranchissables et sans se heurter à cette insurmontable difficulté d'éducation que nous avons signalée plus haut ; c'est, en outre, d'entraîner, dans le mouvement de la matière, le principe de son organisation.

Ce sont là deux impossibilités tellement manifestes que nous sommes vraiment surpris qu'elles aient échappé à l'attention des auteurs et des adeptes éminents de la doctrine que nous combattons.

Ce que nous nommons le principe organisateur de la matière, c'est la cause même de l'existence des êtres organisés, la molécule vivifiante dont ils sont pénétrés, cette essence incorporelle, avons-nous déjà dit, qui échappe au scalpel de l'anatomiste et pour laquelle la physiologie n'a point de définition, si ce n'est une définition métaphysique se résumant en un mot : la vie. Voilà ce qui est indépendant de la matière et n'est pas transmutable avec elle, en supposant que celle-ci le soit.

La matière est extensible et réductible ; elle peut se modifier dans un sens ou dans l'autre ; elle peut aussi changer d'aspect et de couleur, se perfectionner ou se dégrader, se déformer et devenir méconnaissable extérieurement ; mais le principe de vie qui est en elle ne change pas. L'enveloppe qui recèle la timidité du lièvre aurait beau s'étendre et se transformer, elle ne s'animerait pas du courage du lion.

C'est parce que la multiplicité des formes vivantes résulte, non d'une faculté de modification inhérente à la matière, mais uniquement de la diversité propre au principe vivifiant, dont il est vraiment fait trop bon marché, par les transformistes, qui ne voient dans l'esprit, comme dans les métalloïdes, qu'une vaporisation de la matière, d'où la grave erreur qui leur fait prendre la variation de la forme pour la transformation du type.

Lorsque nous traiterons de la variabilité de la race, nous essaierons de définir l'espèce ou mieux la famille naturelle. En attendant, disons que l'idée de type n'est pas seulement une idée de similitude des traits extérieurs, mais qu'elle est surtout une idée de similitude des caractères intérieurs. Si différents que soient, par les apparences physiques, un kings-charles et un boule-dogue, un rosier mousseux et un rosier de Bengale, ces animaux et ces végétaux n'appartiennent pas moins, par leurs traits intimes, à la même espèce, ceux-là dans la faune, ceux-ci dans la flore. Les individus du même type peuvent différer extrinsèquement ; ils se ressemblent nécessairement par leurs côtés intrinsèques.

La supériorité morale ou la supériorité de l'essence, comparée à la supériorité physique.

S'il est vrai que l'énergie, l'intelligence et le sentiment de la vie grandissent par la transformation et le perfectionnement de son enveloppe, cela doit apparaître, incontestablement, d'un bout à l'autre de l'échelle ascendante, au degré de supériorité mentale ou essentielle, que la vie acquiert à mesure que l'évolution organique l'éloigne de son point de départ.

Or, par la comparaison de l'industrieuse activité de quelques hyménoptères, à la lourde paresse des grands reptiles, de l'adresse que certains mollusques marins déploient à attaquer ou à se défendre, à la stupidité de bien des poissons osseux, de l'art avec lequel l'hirondelle maçonne son nid et y tapisse de duvet la place où elle déposera ses œufs, au défaut d'instinct maternel de quelques espèces mammalogiques, de la mélodieuse voix du rossignol, à l'affreuse raucité des cris du corbeau, de l'abondance et de la saveur du fruit de tout petits végétaux, à l'insignifiance de la fructification de la plupart des grands arbres, on arrive forcément à se convaincre de ceci que, pour être attachée à la forme qu'elle revêt, la vie spécifique ne procède, cependant, ni de l'ampleur, ni de la complication de cette forme.

C'est la preuve que l'on n'est pas dans le vrai en s'imaginant que de la supériorité physique d'un organisme, découle nécessairement sa supériorité morale ou la supériorité de son essence.

La force qui est l'apanage d'une puissante constitution n'est pas plus une supériorité que l'adresse à vaincre ou à déjouer cette force. Le grand pachyderme terrassé par un petit carnassier n'est moralement ni inférieur, ni supérieur, à ce dernier. Le volatile insectivore qui, par une fuite combinée sur la pesanteur du vol ascensionnel de l'aigle ou de l'épervier, échappe aux serres de cet oiseau de proie, n'est pas, au moral, mieux pourvu, ni plus dépourvu que lui. La guêpe qui construit sa ruche alvéolée si ingénieusement et la défend, ensuite, avec un rare courage, contre tout ennemi, n'a pas un instinct moins développé que la plupart des animaux compris dans les classes plus élevées. L'araignée, ce hideux petit chasseur, tissant l'astucieux réseau qui doit lui livrer une hécatombe de victimes ailées, accomplit un acte de l'instinct non moins remarquable que le fait du tigre guettant, du fourré où il est blotti, le passage d'une proie dont il ne peut s'emparer que par surprise.

Lorsque nous voyons une seiche (*sepia*) laissée à sec par le reflux de la mer, se creuser un abri, dans le sable, et y attendre le jusant libérateur, il nous semble que l'instinct de la conservation n'est pas moins perfectionné, chez ce mollusque céphalopode, que

chez le quadrumane retenu par un piége où il a in-
troduit sa main pillarde. Lorsque nous avons sous les
yeux le spectacle de l'activité en apparence prévoyante que la fourmi déploie à butiner pour appro-
visionner sa demeure hivernale, ne faut-il pas oublier
que nous nous trouvons en présence d'un fait inconscient, pour que nous ne placions pas ce petit insecte
bien au-dessus des animaux de la plus forte taille? Quand
épiant, avec une curiosité émue, les actes partout si tou-
chants de la sollicitude maternelle, nous surprenons
la bouscarde des roseaux qui fait, de ses ailes, un
auvent au-dessus de son nid, afin de protéger sa couvée
naissante contre l'ondée d'un orage, la vue de ce
gracieux tableau ne nous pénètre-t-elle pas de la certitude qu'il n'est rien de plus digne de notre admiration dans les faits de l'instinct animal, quel que soit
le degré de perfection organique sous lequel il a ses
ressorts ?

Ne sont elles pas de valeur égale les sécretions
qui produisent le manteau si artistement ouvré de
certains mollusques gastéropodes, le justaucorps si
précisément articulé de la langouste ou du homard
et l'ossature de n'importe quel vertébré ? Y a-t-il
moins de science organique dans la superbe d'un
végétal ligneux de haute taille que dans la modeste
apparence d'un crinoïde, où la vie animale se trouve
associée à la vie végétale, sous les traits d'une fleur
ombellifère ? Qui oserait affirmer que la marche sur
deux ou sur quatre pieds constitue une supériorité sur
le vol ou sur la natation ; que sous le rapport de l'in-

telligence, le régime carnassier prévaut sur le régime herbivore ; que le lion est plus intelligent que l'éléphant ?

Chacun de ces régimes a ses divisions, ses particularités spécifiques ; mais, ni dans l'un ni dans l'autre, la multiplicité des divergences mentales ne paraît se lier à la multiplicité des formes et procéder de combinaisons purement anatomiques. Partout, la machine est au service de l'instinct, mais ne le fait pas. C'est du moins ce qui apparaît à l'observation.

Et, s'il en est ainsi dans la zoologie, il n'en est pas autrement dans la botanique : comme chez l'animal, il n'y a, dans l'anatomie de la plante, qu'une expression et un instrument. Restreinte ou étendue, cette formule matérielle d'un principe immatériel spécifie la vie et l'assujettit physiquement à remplir un rôle déterminé.

Au point de vue physiologique, il existe une distance considérable entre une plante cryptogame et une plante phanérogame, entre une monocotylédonée et une dicotylédonée ; mais, pour différer de formes, les organismes végétaux, ainsi que ceux du règne animal, ne se résument pas moins en des entités toujours comparables entre elles, quant à leur objet final. Plus d'art dans la constitution organique, c'est plus d'agglomération de forces fonctionnelles, mais non plus de perfection de leurs résultats. Quoique plus consistante et plus durable sous une enveloppe que sous une autre, sous la forme ligneuse que sous la forme herbacée, la vie, identique dans ses fins, n'est pas moins merveilleuse dans la fragilité d'une cucurbitacée que dans la longévité du cèdre. La plante qui rampe n'a aucune ressemblance physique avec celle qui porte magnifiquement le sommet de ses tiges dans les nuages, mais ces deux végétaux se ressemblent moralement, et, de ce côté-là, l'un est tout aussi élevé que l'autre.

Et puisque, à quelques degrés de leur apparition, l'instinct animal et ce qui en tient lieu dans la plante se trouvent déjà à un niveau commun à la plupart des classes d'animaux ou de végétaux, que parle-t-on d'une élection de la vie graduée sur le perfectionnement de ses formes? Nous insistons sur ce point que l'esprit et la matière devraient marcher ensemble et d'un même pas, dans le mouvement auquel on attribue les développements de la vie sur le globe, ou bien la transformation se résoudrait en des dérogations de l'instinct, ce qui s'apercevrait immanquablement, soit qu'on la fît partir d'un premier végétal qui se serait carnifié, soit qu'on lui assignât des origines ultérieures à l'émission de prototypes génériques dans les deux règnes.

Les facultés mentales.

Des remarques que nous venons de faire, il ne faudrait pas inférer que nous plaçons sur la même ligne, pour les ranger au même niveau de perfection,

les instincts si divers dont les formes de la vie sont
les interprètes. Non certes, nous ne prétendons point
contester la supériorité évidente, à certains égards,
du vertébré sur l'invertébré, du poisson sur le mollusque, du cétacé sur le poisson, de l'oiseau sur le
reptile et sur l'insecte, du quadrupède vivipare sur
l'oiseau; mais, en comparant les plus élevés d'une
classe aux moins élevés de la classe suivante, en
rapprochant, par exemple, l'ichthyologie et l'entomologie, certains vertébrés et certains invertébrés,
nous voyons la perfection mécanique ajouter si peu
à la perfection intellective, qu'il ne nous paraît
pas probable que l'une soit purement un effet de
l'autre.

Incontestablement, sous le rapport de la complexité anatomique, il y a une distance énorme de
l'araignée à la baudroie ou à la lamproie, du lombric
au cloporte ou au myriapode, du colimaçon à la tortue, du serpent au lapin; mais au point de vue
mental, rien ne fait ressortir la supériorité organique
qui distingue la baudroie, de l'araignée, le cloporte,
du ver de terre, la tortue, du colimaçon, le lapin, du
serpent, rien ne porte à penser que le développement
de l'intelligence soit la conséquence virtuelle de la
complication de l'organisme.

Si cela était pourtant, c'est-à-dire si les traits moraux d'une espèce, quelle qu'elle soit, n'étaient que
l'expression de l'art plus ou moins savant avec lequel
la nature a composé la machine animale, il y aurait
vraiment lieu d'être surpris de la profonde différence

morale qui distingue l'homme de tant d'animaux auxquels il ressemble par toute l'économie intérieure de son corps. Des ressorts à peu près semblables devraient produire des conséquences analogues.

Il en est autrement, parce que les ressorts ne se meuvent pas seuls. Des organismes dont la vie résulterait d'eux-mêmes ne se conçoivent pas plus dans la mécanique naturelle que dans la mécanique artificielle.

Thalès disait : « L'eau est le principe de tout ; tout en vient et tout s'y résout. » Puis il ajoutait : « Dieu est l'intelligence qui forme toutes choses avec l'eau. » Le premier des sages de la Grèce pensait apparemment que la matière est incapable de se façonner et de s'animer par elle-même. Cette notion ou mieux ce pressentiment de la première cause, déjà vieux de plus de vingt-cinq siècles, ne s'est pas modifié, n'a rien acquis, ni n'a rien perdu, nonobstant les progrès de la physique et de la chimie.

Sur ce point transcendant, M. Darwin ne paraît pas être mieux renseigné que ses devanciers, car bien qu'à ses yeux les facultés mentales, chez l'homme et chez les animaux, soient essentiellement de même nature avec des différences de quantité, il admet l'intelligence créatrice et se préoccupe de la question assurément oiseuse, sinon étrange, en cette matière, de savoir quel degré de l'évolution a produit l'immortalité de l'âme. Mais, pour justifier sa conviction que les animaux et l'homme ne sont pas des créations indépendantes les unes des autres, à l'aide de spéciosités qui ne valent pas mieux, selon nous, que celles dont il a fait usage pour expliquer l'existence et les conséquences de la sélection naturelle, il s'attache à démontrer que, chez toutes les espèces animales, les cellules du cerveau dérivant d'un même cerveau prototype, cet organe doit, sous l'empire de conditions semblables, accomplir les mêmes fonctions.

L'espèce humaine, dit-il en substance, ne se distingue des autres espèces que par le langage et la faculté d'abstraction. C'est pure affaire de quantité cérébrale et de développement. La curiosité, l'attention, la mémoire, l'instinct d'imitation, saillissent quelquefois d'une manière extraordinaire chez les animaux supérieurs. L'imagination joue un rôle évident dans la vie des chiens, des chats, des chevaux, des oiseaux domestiques. On ne peut refuser aux animaux la faculté de raisonner, lorsque l'on a vu l'intelligente prudence des chiens attelés aux traîneaux, dans les contrées glacées, et lorsqu'il y a des singes qui apprennent seuls à casser des œufs sans en répandre le contenu, ou à se servir de bâtons ou de pierres pour casser des noix, pour ouvrir une caisse, pour se défendre contre une agression. N'a-t-on pas su que des babouins s'étaient mis un paillasson sur la tête pour s'abriter du soleil, et n'est-il pas vrai que des simiens ont la précaution de porter à leur oreille, avant de l'ouvrir, le cornet de papier dans lequel, pour leur faire une malice, on a enfermé des guêpes ? Du reste, les singes comprennent une partie de ce que nous leur disons et généralement les animaux se parlent entre eux et se comprennent. Si les singes ne parlent pas, c'est parce que leur espèce se trouve sous le coup d'un arrêt de développement, ainsi que ces oiseaux qui, pourvus des organes du chant, ne chantent point.

Oh ! Ce n'est pas douteux, la vie des espèces supérieures, mais plus particulièrement celle du chien que celle du singe, est pleine de traits qui revêtent l'apparence de la réflexion et de quelque discernement. Le boule-dogue qui défend son maître ou la propriété de son maître, contre des attaques ennemies, le terre-neuve qui sauve une vie humaine compromise sur les flots, le chien de berger qui ramène au troupeau les brebis qui s'en sont écartées, l'éléphant, le cheval et le chameau, dans les services qu'ils nous rendent, le singe dans son imitation de gestes humains, paraissent agir intelligemment et comme avec la conscience de ce qu'ils font.

Toutefois, puisque ces actes élevés de l'instinct, dans les principales classes zoologiques, ont des équivalents dans les classes inférieures, on n'est point fondé à présenter ces faits comme étant l'expression de progrès que l'évolution de la matière aurait fait faire aux facultés mentales de la vie.

Dira-t-on que l'adroit travail de nidification auquel se livrent la plupart des petits oiseaux, ainsi que certains insectes, l'admirable prévoyance qu'offrent les mœurs des hyménoptères, la ruse avec laquelle certains animaux tout à fait inférieurs se soustraient à un danger, ne sont que les conséquences de fonctions purement machinales ? On aura raison, mais l'objection ira plus loin que l'on ne voudrait.

Remarquez que ce que fait un chien, un cheval ou un singe, les autres chiens, les autres chevaux, les autres singes, le font invariablement de la même manière et, pour ainsi dire, automatiquement ; c'est, chez eux, habitude acquise par l'éducation et rien de plus. Ils font machinalement ce qu'ils ont inconsciemment appris à faire, et c'est commettre une grave confusion que de voir, dans leurs faits, en apparence intelligents, mais irraisonnés au fond, des indices de facultés comparables, à un degré si minime que ce soit, aux facultés qui produisent les manifestations métaphysiques de la vie humaine. M. Darwin oublie fâcheusement que c'est le caractère de tout ce qui est simplement instinctif de se montrer sous une forme unique, sous une forme commune à tous les individus de la même espèce.

Il est bien facile de mettre en évidence cette automatie de l'instinct, même chez les animaux supérieurs, mammifères ou oiseaux. Ainsi, on a pu voir des chiennes épagneules allaiter des chatons que l'on avait substitués à leurs petits, au moment où elles venaient de mettre bas. On a vu des pigeons couver des œufs de tourterelles et élever les tourtereaux provenus de l'éclosion. Mais c'est surtout chez la poule que ressort la facilité avec laquelle l'instinct animal se laisse leurrer. Qui n'a jamais été témoin du risible sérieux qu'une poule apporte à remplir le rôle ma—

ternel dans la conduite de sa couvée de canetons ?

Les actions du singe ne révèlent pas plus de direction psychologique, de conscience d'elle-même, que les actions d'aucun autre animal. Le babouin qui met un paillasson sur son chef pour le préserver, semble-t-il, des ardeurs du soleil, n'accomplit pas un acte moins mécanique et plus intelligent que celui du passereau trouvant, dans le platane où il perche, la feuille sous laquelle il s'abritera contre la pluie. Il n'y a pas lieu d'être plus émerveillé d'apprendre qu'un animal supérieur sait jusqu'à certain point se soustraire aux intempéries, que de voir la lamproie marine (*petromyzon marinus*) se faire un refuge sous les pierres qu'elle soulève et déplace au moyen de sa bouche en suçoir, que de voir une chenille tisser le cocon dans lequel elle s'enferme, vers l'automne, pour se transformer en chrysalide, et dont, au printemps, elle perfore une des extrémités pour sortir papillon ; que de voir un misérable lombric se replier vivement dans la motte de terre humide que la bêche vient de retourner au soleil. Allez, si près que vous supposiez l'ingéniosité du singe de l'invention du chapeau, il n'y a pas là de quoi alarmer les ennemis du transformisme ; ce serait plus grave si vous pouviez dire que le singe a fabriqué le paillasson et prouver qu'il savait ce qu'il faisait en le plaçant sur sa tête.

Dans tous les cas, s'il était vrai que l'évolution de la forme entraînât l'ascension de l'intellect, ce ne serait pas du simien, ce serait du chien que l'homme dérive-

rait. Il ne manque au caniche que les organes de
préhension du singe, pour lui être aussi supérieur
physiquement que moralement. Pour sûr, M. Darwin
se trompe de bête lorsqu'il prétend que, sous le rapport des facultés mentales, la distance est plus grande
de la lamproie au singe que du singe à l'homme.

Mais quand même il aurait mis le chien à la place
qu'il assigne au singe, dans l'échelle des progrès moraux, cela ne ferait pas qu'il eût donné la mesure de
la distance immesurable qui sépare le plus intelligent
des animaux du moins intelligent des humains.

Véritablement le sauvage de la Terre de Feu, dont
M. Darwin ferait volontiers le trait-d'union entre la
famille simienne et la nôtre, a l'aspect d'une misérable ébauche de l'homme ; mais que l'on prenne la
peine de réfléchir que, pour provoquer le développement subit des germes de facultés intellectuelles que
l'on distingue si difficilement sous cette écorce
abrupte, il suffirait de les transporter dans un milieu
civilisé. Une transformation corporelle est indispensable pour faire d'un singe un homme ; point n'est
besoin de modifications anatomiques pour faire d'un
sauvageon un être qui nous ressemble par les qualités morales ; il n'y a qu'à le faire venir parmi
nous après l'avoir sevré de sa mère. Soyez certain
que la distance qu'il y a d'un sauvage un peu intelligent au plus grand nombre d'entre nous ne dépasse pas l'épaisseur des murs de l'établissement
scolaire où nousavons été élevés. C'est impli-
citement reconnu par M. Broca, dans sa démonstra-

tion de l'influence de l'éducation sur le volume et la grosseur de la tête (1).

Nous avons connu un Hottentot qui, recueilli, tout jeune, par l'équipage d'un navire français, fut amené en France, où abandonné à lui-même, il vécut, d'abord, de la profession de domestique, et entra, ensuite, dans la marine militaire. Beaucoup de nos matelots, dépourvus d'instruction, restent matelots toute leur vie. L'Africain, non moins déshérité qu'eux, devint second maître canonnier.

D'ailleurs, si les progrès moraux de la vie n'étaient pas indépendants de ses progrès physiques, nous ne verrions pas ceux-là, par un élan prodigieux, monter tout à coup, de leur niveau ordinaire, à la haute région du génie sans que les autres sortent de leur vulgarité originelle et, non plus, sans que cet accroissement spontané des facultés mentales ait positivement sa source dans une exagération du cerveau qui, dit-on, en est le siége. Est-ce que la théorie du perfectionnement de l'intellect par le perfectionnement organique et l'augmentation de la quantité cérébrale ne comporte pas, pour l'espèce humaine, aussi bien que pour les autres espèces zoologiques, la conséquence *sine qua non* que les êtres les plus intelligents soient ceux qui sont les plus doués d'avantages physiques? Montrez les faits qui autorisent une telle hypothèse. En attendant, nous vous ferons remarquer que pour une fois que l'intelligence hors ligne se manifeste sous

(1) *Influence de l'éducation sur le volume et la grosseur de la tête.* Revue scientifique, 1872, n° 42.

la splendide beauté d'un Louis XIV, elle se rencontre peut-être vingt fois sous les traits malingres d'un Jean-Jacques Rousseau, ou sous la frêle stature de l'illustre homme d'État qui vient de gouverner la France dans les circonstances les plus difficiles que cette grande nation ait traversées.

Nous sommes ici sur le terrain des choses visibles et non dans le monde des rêves. S'il est des races humaines d'une infériorité marquée, quelquefois voisine de la bestialité, c'est parce que les êtres vivants, en général, les espèces zoologiques comme les espèces botaniques, sont ce que les fait leur habitat, c'est-à-dire ce que les font les conditions plus ou moins favorables des milieux où elles vivent. De même que la variété morphologique d'une plante, l'ampleur de ses faisceaux fibreux, de ses vaisseaux utriculaires, la bonne ou la mauvaise saveur de ses fruits, le développement du principe odorant de ses fleurs, dépendent de la constitution physique du sol où cette plante est née, ainsi que des conditions de l'atmosphère dans laquelle elle respire, de même la conformation d'un animal, le perfectionnement de ses organes et par suite l'effusion de ses facultés mentales, tiennent du climat où il est venu. C'est pour l'homme d'une telle apparence que l'on ne saurait contester qu'il est plus ou moins doué suivant qu'il habite les climats tempérés, les régions intertropicales ou les latitudes boréales. Tout le monde sait et M. Darwin ignore moins que personne, que plus on va loin pour étudier la créature humaine, en dehors des lignes isothermes de ses habitats tempérés, plus on la trouve abrutie.

Le philosophe rêveur peut bien croire que c'est là un fait de gradation organique ; mais le naturaliste observateur voit bien que ce n'est qu'affaire de conditions extérieures, une résultante de phénomènes variés ayant leur cause complexe dans la nature du sol et de l'atmosphère, dans la situation géographique, dans le degré de froid ou dans le degré de chaleur.

La gesticulation du singe en a sans doute imposé à M. Darwin comme elle avait déjà trompé d'autres naturalistes. Linné lui-même s'y était laissé prendre et avait mis trop de complaisance à rapprocher, de l'homme, cette brute plus grimacière que douée d'instincts élevés.

Il ne devait pas l'avoir étudiée de très-près lorsqu'il lui a attribué, dans ses classifications, une intelligence et une affectuosité qu'elle possède à un bien moindre degré que d'autres animaux. Linné — nous demandons pardon à son ombre illustre de notre irrévérence — avait laissé surprendre sa bonne foi et s'était laissé abuser par des sornettes, s'il a réellement cru que l'homme est si peu éloigné du simien que, retourné à l'état sauvage et y vivant isolé, il perd l'usage de la voix, voit la peau de son corps devenir velue, marche aussi bien à quatre pattes que sur deux pieds, grimpe aux arbres avec l'agilité du singe, et fuit la société des autres hommes, qu'il ne reconnaît plus pour ses semblables.

D'abord, un homme rejeté dans l'isolement, au

milieu de la nature sauvage, fournit une expérience
de trop courte durée pour que l'on puisse savoir ce
qu'il y serait devenu par la suite du temps. D'autre
part, si cet homme ne s'était pas écarté seul de la civilisation, s'il était retombé dans l'état sauvage en société
et avec la perspective de s'y reproduire, il serait inad-
missible qu'il y perdît l'usage de la parole et n'y
transmît pas, à ses descendants, quelque chose des
habitudes qu'il avait précédemment contractées.

Quoiqu'il en soit, pour comparer avec quelque
chance d'en faire une juste appréciation, les facultés
mentales d'animaux appartenant à des classes ou à
des ordres différents, il faut s'attacher à considérer
ces animaux, non dans les fonctions machinales de
leurs organes, ni dans leur aspect physionomique,
mais uniquement dans la sagacité instinctive que révèlent leurs mœurs.

A ce dernier point de vue, le poisson n'est pas à
une aussi grande distance du singe que M. Darwin
paraît le croire. Et, en effet, lorsque nous voyons un
saumon se faire comme une échelle des rochers de la
cascade au delà de laquelle il veut aller frayer, il ne
nous semble point que ne poisson, pour avoir, à l'ascension, des allures moins dégagées que celles d'un
quadrumane, soit moins bien partagé que lui sous le
rapport de l'instinct. Mais le saumon n'est pas la
lamproie, et M. Darwin paraît croire que celle-ci
est, sous le rapport mental, inférieure à tous les
autres poissons. C'est évidemment une erreur d'anatomie comparée : la vitalité extraordinaire de la lam-

proie, sa force musculaire, l'usage qu'elle sait faire de son organe buccal, les transformations qu'elle subit à son premier âge, ses pérégrinations, sa longévité, dénotent un organisme assez élevé dans l'ordre des poissons à épines molles. Non, toutes les flatteries que l'on adresse au singe ne font pas que ce genre de brutes sache, mieux que les autres, pourvoir à sa subsistance, s'abriter contre les intempéries, échapper à ses ennemis ou les dominer, s'élever, enfin, en aucune manière, au-dessus de la vie purement animale.

Qu'importe que d'éminents anatomistes, M. Huxley, en Angleterre, M. Haekel, en Allemagne, M. Broca, en France, se soient assurés que les organes de l'homme ont des rapports intimes, tantôt avec ceux de l'orang ou du gorille, tantôt avec ceux du chimpanzé ou du gibbon ? De ce que le squelette et les viscères de chacun de ces anthropoïdes ont alternativement des points de ressemblance, ou de dissemblance, avec le squelette humain et avec le système viscéral dont il est muni, doit—on forcément conclure que l'homme dérive de l'un des grands singes anthropomorphes ? Il serait plus logique, peut-être, d'émettre l'avis que ces simiens proviennent d'une dégradation de l'homme, ou de soutenir, contrairement aux principes de la physiologie, qu'il est le produit d'un commerce polygamique entre ces quatre bêtes.

La fonction du cerveau et la structure de cet organe. La vie.

Nous venons de constater bien des faits qui contredisent, tant soit peu, la doctrine du perfectionnement des facultés mentales par le développement, la densité et la complication du cerveau.

M. Darwin, et avec lui les physiologistes matérialistes, n'attribueraient-ils pas, à cet organe, plus d'importance qu'il n'en a dans l'économie animale ? On connaît à peu près tous les éléments anatomiques dont il se compose ; on sait que ce sont des éléments nerveux affectant la forme de tubes ou de cellules, combinés entre eux et se reliant par une multiplicité de cohésions, à toutes les autres parties du système nerveux de l'organisme. On s'est assuré que, semblables, chez tous les animaux, par leurs propriétés physiologiques et par leurs caractères histologiques, ils diffèrent cependant, dans le cerveau de chaque groupe ou famille, par leur nombre, par leur ramescence circonvolutionnaire, par leur disposition plus ou moins complexe dans la masse encéphalique.

On n'ignore rien de la forme extérieure, ni de la structure interne de l'organe cérébral ; ses rapports avec les autres organes du corps, sa participation à la vie organique et à la vie animale, son intervention dans le sentiment et dans le mouvement, sont aussi complètement connus. On présume que son rôle, dans l'harmonisation économique, est de même nature que

la fonction des autres viscères, et, quoique le mécanisme des facultés mentales soit caché sous un mystère impénétrable, on n'hésite point à enseigner que
le cerveau est le foyer de la pensée, des sentiments
moraux et de l'intelligence.

Comment ose-t-on être si affirmatif dans le domaine
de l'abstraction ? De bonne foi, est-on sûr que l'action
du cerveau soit prépondérante, dans le système organique, et n'est-il pas possible qu'elle y soit simplement corrélative de l'action du poumon, du cœur, de
l'estomac ?

Vous dites que la pensée, la conscience, la volonté,
sont des émanations de la substance cérébrale, ou des
effets de mécanique produits par l'organe qui parait
être le siége de ces manifestations de la vie. Et pourquoi ces phénomènes ne naîtraient-ils pas du fonctionnement simultané et concordant de tous les organes
vitaux, puisant dans les milieux ambiants les conditions de leur activité physico-chimique ou de leurs
propriétés physiologiques ? Pourquoi aussi n'auraient-
ils pas leur principe dans l'essence inconnue de la
vie, peut-être la cause même des propriétés vitales
renfermées dans la substance organisée ? Qu'est-ce,
en tout cas, qui nous assure que c'est dans la tête
plutôt que dans le thorax, que se forment soit les facultés intellectuelles, soit les facultés affectives ?

En vain écoutons-nous vivre notre être quand
agissent sa conception, sa conscience, sa mémoire, sa
volonté, quand il s'émeut de joie ou de tristesse, se
passionne d'affection ou de haine, résiste à ses pen-

chants ou y cède, s'excite à l'énergie ou s'abandonne
à la faiblesse : impossible de distinguer la réalité de
l'illusion, impossible de percevoir si ces phénomènes
moraux ont tous leur origine, leur élaboration particulière, dans les couches cérébrales, si quelques-uns
ne l'ont pas dans la région thoracique ; s'ils émanent
tous des propriétés physiologiques de certains tissus,
ou des fluides qui les pénètrent ; s'ils sont les effets
de la fonction mécanique de tel organe ou de tel
autre ; s'ils ne sont pas enfin, au moins pour une
partie, les pures expressions du souffle de vie qui
s'est glissé dans le système vasculaire, les manifestations de l'essence incorporelle que l'appareil
circulatoire répand dans toute l'économie, sous l'impulsion de cette force intangible.

Il est notoire que dans cette coopération de mécanismes différents, conditionnés les uns par les autres,
dans « ce système clos dont toutes les parties se correspondent mutuellement, dit Cuvier, et correspondent à la même action par une réaction réciproque »,
le rôle principal existe dans les rapports que les organes de la nutrition ont avec tous les autres organes
et avec tous les éléments de l'organisme, la substance cérébrale comme les os, les muscles, les
nerfs, le sang. On ne distingue pas précisément l'influence physiologique de ce rôle fondamental sur
chaque partie de la machine dont il est l'agent pour-
voyeur, mais on ne saurait, cependant, le considérer
comme absolument étranger aux actes d'ordre moral
que produit le jeu complexe et harmonique de l'ins-

trument de la vie. On ne saurait démontrer que c'est
dans le cerveau et non ailleurs que se trouvent la
source et les limites de l'intelligence, de l'esprit, de
l'imagination, de l'humeur du caractère, de toutes les
facultés et toutes les émotions que l'on nomme psychologiques. On ne saurait prouver la suprématie de
l'organe sensitif dans l'action collective des organes
vitaux, ni affirmer qu'il ne remplit pas entre eux un
rôle subordonné à des rôles peut-être moins considérables que le sien, un rôle accessoire, ainsi que tous
les autres, à la fonction par où la vie commence ou
plutôt à la cause déterminante de cette fonction qui
est la base de la vie.

N'est-ce pas, en effet, le phénomène primordial
de la nutrition qui donne naissance aux matériaux organiques, qui les approprie à mesure qu'ils naissent
et les groupe simultanément dans l'ensemble des
rouages de la machine, suivant une échelle de proportion exactement déterminée, qui enfin renouvelle
ces matériaux à mesure de leur consomption ? Et ce
phénomène physico-chimique peut-il être dénué de
toute vertu sur l'émission des phénomènes moraux
résultant au moins d'une manière implicite, de l'élaboration générale de la machine dont il entretient le
mouvement ? Évidemment il y a là l'effet d'une cause
occulte qui domine l'organisation au moins dans ses
conséquences physiologiques. C'est ce que pensait
Hahnemann lorsqu'il disait que l'être vivant est animé
par une force immatérielle qui en régit les fonctions,
et que cette force, impénétrable dans son essence, se

révèle seulement par les phénomènes de la vie.

Vous croyez le sang un composé d'eau, d'albumine, de fibrine, de matières colorantes ferrugineuses, de sels divers, tous analysables, d'acide carbonique, d'azote, d'oxygène. Il y a probablement plus que cela dans ce liquide vivant, puisque, par une transfusion de sang, dans les veines d'un individu anémié ou hémorrhagique, on peut revivifier la machine animale prête à périr par insuffisance de sang.

Observez que ce sont les organes de la circulation et surtout le cœur, qui sont tout d'abord et le plus vivement affectés par les émotions ; que le cœur reçoit le premier, semble-t-il, l'impression de toutes les influences nerveuses, de tous les sentiments, et que le cerveau, où cette impression parvient ensuite par une réaction des nerfs pneumogastriques et par les artères carotide et vertébrale, paraît ne remplir, dans ces mouvements métaphysiques, d'autre rôle que celui dévolu au cadran dans un appareil électrique.

Si, par les nerfs, le système nerveux central transmet la volonté à tous les agents du mouvement musculaire, et si, par l'intermédiaire de ces mêmes cordons nerveux, le centre reçoit les impressions sensibles perçues à la périphérie du corps, est-ce à dire que la volonté surgisse de la propriété d'un tissu ou de l'activité d'un organe spécial, plutôt que du milieu intérieur de cette source mystérieuse où les organes puisent chacun l'aliment physique et, si cela peut se dire, l'impulsion métaphysique de sa propre activité ? Étranger aux contractions du cœur, des intestins et à toutes les contractions musculaires par lesquelles s'exercent les fonctions de la vie végétative, le cerveau est-il autre chose qu'un instrument dans l'accomplissement des actes où la volonté imprime aux muscles les contractions qui mettent en jeu les organes de la locomotion ? Ne vous hâtez pas de répondre affirmativement.

Pour être sûr de savoir ce qu'est la volonté et d'où elle vient, il ne suffit pas d'avoir découvert la voie que parcourent ses ordres.

Mais, fût-il vrai qu'indépendamment des propriétés physiologiques qu'on lui connaît, ou qu'on lui attribue gratuitement, le tissu cérébral, par un mécanisme dont les ressorts ne s'aperçoivent point, élaborât et émit les diverses manifestations de l'instinct animal, les expressions d'ordre moral parfois si élevées de la vie consciente, il n'en résulterait nullement la probabilité négative de la permanence de l'espèce, puisque la différence de quantité et de forme des éléments nerveux, dans chaque groupe spécifique, coïncide avec une diversité physiologique sans marquer sensiblement une gradation des facultés mentales.

D'ailleurs, à notre point de vue, il est parfaitement égal que le cerveau soit ou ne soit pas le *Deus ex machina* de l'organisme vivant. Quand même chaque degré de l'échelle des vertébrés serait réellement signalé par une plus grande complexité du principal centre nerveux et par plus d'extension de l'intellect, ces circonstances ne seraient pas moins conciliables avec la

croyance à la fixité des types qu'avec la doctrine de
la transformation. Cependant, à cause de la déduction
exclusive que l'on a voulu tirer d'une rencontre plus
imaginaire que vraie, il n'était pas sans intérêt de
démontrer combien c'est une grave erreur de penser
que l'on peut préjuger l'intelligence des divers animaux d'après la structure intime et la forme extérieure
de leur organe sensorial.

A notre avis, M. Darwin a inutilement compliqué
le problème de l'origine de la vie par voie de transmutation, lorsqu'il est venu arguer des différences
mystérieuses de l'arrangement cérébral, ici ou là,
pour soutenir la proposition que plus l'intelligence se
manifeste, dans la vie animale, plus l'encéphale a
acquis de volume, augmenté le nombre de ses éléments constitutifs et étendu sa surface en multipliant
ses circonvolutions.

C'était déjà bien trop que d'avoir à se rendre compte
physiologiquement et anatomiquement, des modifications par lesquelles la patte d'un reptile, ou la nageoire d'un poisson, a pu devenir l'aile d'un oiseau.
Le célèbre philosophe anglais doit être doué d'autant
d'intuition qu'il a de science, s'il est parvenu à saisir
la conséquence de chaque complexité qui survient
dans la disposition encéphalique, tandis que les organes du mouvement changent de formes et de
fonctions.

Néanmoins, nous ne sommes point sûr qu'il ne
s'abuse pas en présentant des phénomènes de l'ordre
moral, comme des effets de mécanique, et en locali-

sant, dans la fonction cérébrale, l'expression des facultés intellectuelles. Nous avons fait voir que des animaux de diverses classes possèdent une même quantité de facultés mentales, quoiqu'ils soient loin d'offrir la même perfection organique et d'avoir le cerveau pareil ou le même système ganglionnaire.

Ce que la science d'observation nous apprend, touchant le cerveau, c'est qu'il relève, ainsi que les autres organes de la machine animée, des conditions générales de la vie ; que partie d'un tout combiné et solidaire, son activité spéciale dépend de l'activité de chacune des autres parties de la combinaison ; qu'il se dilate ou s'affaisse, qu'il est saturé de sang ou qu'il est exsangue suivant qu'il est en action ou au repos ; que sa fonction particulière se trouve tellement liée, sinon subordonnée, aux fonctions des autres organes vitaux, qu'il se ressent des troubles qui atteignent la respiration, la circulation, la digestion ; enfin, que si la vie et les phénomènes moraux qu'elle engendre paraissent se résumer dans la cavité cervicale, rien ne démontre, cependant, que ce soit par une action purement physico-chimique que l'appareil cérébral en énonce les expressions. La vulgaire tradition qui localise l'intelligence et la conscience dans un organe dont le jeu est absolument inconnu n'est confirmée par aucun fait précisément constaté, et, selon que l'enseigne M. Broca, s'il est vrai que l'éducation exerce sur l'encéphale une influence de perfectionnement, il n'est pas probable que la tête soit la seule partie du corps qui se ressente de cette influence.

Comment donc M. Darwin s'est-il persuadé que l'essence impalpable de la vie ne peut être virtuellement le prélude et le principe de la propriété organisante, qu'elle a, au contraire, sa source dans la substance organisée et que ses manifestations métaphysiques s'expliquent seulement par la fonction d'un organe déterminé? Assurément M. Darwin ne serait pas plus embarrassé devant cette question qu'il ne l'est sur d'autres points difficiles de sa philosophie audacieuse ; mais il ne faudrait pas qu'on lui demandât plus de justesse qu'il n'en a mis à apprécier et à comparer, entre elles, les facultés mentales de la lamproie, du singe et de l'homme.

A la vérité il est apparent que le cerveau est l'aboutissant de nos sensations internes, en même temps que l'interprète de nos sensations externes ; mais s'il y a des raisons de penser que les expressions métaphysiques de la vie passent par cet organe, il n'existe aucun motif péremptoire d'affirmer qu'elles s'y forment et en sont le produit, attendu que dans une même race d'hommes, de chevaux, de chiens, la même disposition du système nerveux n'empêche pas qu'il y ait fréquemment, d'individu à individu, de très-notables différences de vigueur des sens et de l'intellect.

Que l'appareil cérébro-spinal, d'où se distribuent dans la périphérie, toutes les divisions du système nerveux central, soit l'instrument des manifestations d'ordre purement organique, c'est probable et c'est presque évident ; mais rien, absolument rien, de ce que l'on sait, à cet égard, ne fait croire que des phénomènes ne relevant ni de la physique, ni de la mécanique, ni de la chimie, puissent être le résultat d'une action centralisante et dirigeante dévolue à l'axe vertébral.

Pour admettre l'hypothèse que nous repoussons, on est obligé d'écarter toute idée de combinaison immatérielle s'alliant à la combinaison organique, dans la formation de la machine animée ; on est forcé de ne voir qu'une conséquence dans la vie, alors qu'elle est peut-être une cause, et de supposer l'inhérence à la substance organisée, non-seulement des propriétés métaphysiques qui paraissent surgir de la fonction cérébrale, mais encore des propriétés physiques d'où naît l'activité fonctionnelle d'une série d'organes agissant, les uns mécaniquement, les autres chimiquement, pour produire des résultats harmoniques.

On ne peut, du reste, rien inférer de certain de la complication de l'encéphale, quand on la voit varier, non-seulement entre des espèces dont les facultés intellectuelles sont au même niveau, mais encore chez les individus d'un même ordre, de la même espèce et quelquefois de la même race. Si les oiseaux et, ainsi qu'eux, un grand nombre de mammifères, ont le cerveau lisse, il est, au contraire, des poissons dont l'organe cérébral est plissé. Si certains mammifères, dotés d'un cerveau à circonvolutions, paraissent peu doués de facultés mentales, il est grand nombre d'oiseaux qui leur sont bien supérieurs sous ce rapport. Si l'on est forcé d'avouer qu'il est des vertébrés, mammifères, oiseaux ou reptiles, à peine pourvus de l'instinct de la conservation, on est aussi obligé de reconnaître qu'il est des espèces sans cerveau, parmi les annelés, dont l'intelligence étonne. Les circonvolutions du cerveau sont plus développées chez les cétacés que chez les probiscidiens ; pourtant, comparée à l'éléphant, la baleine est un animal stupide. Comment M. Darwin s'y est-il donc pris pour tirer de ces données obscures et contradictoires, l'induction que la quantité cérébrale est la mesure des facultés mentales ?

Si bien que l'esprit humain reflète l'univers, il est et sera toujours au dessus de sa puissance de réflexion de se faire une juste idée des choses occultes, de pénétrer le secret de la vie et de son mode d'expansion. De ses excursions au milieu des ténèbres qui enveloppent ce profond mystère, l'esprit n'a jusqu'ici apporté que des doutes fantastiques et d'incohérentes définitions. Voyez, par exemple, le dictionnaire de Nysten, corrigé et augmenté par M. Littré : « La vie, nous dit cet ouvrage, n'est ni un principe, ni un résultat ; elle est la manifestation de l'une ou de l'ensemble des propriétés *inhérentes* à la substance organisée placée dans certaines conditions de milieu. » Traduit simplement, cela signifie : la vie, propriété de la matière organique, apparaît dès l'organisation de la substance qui la renferme. Jusque-là, c'est assez clair, mais cela devient d'une obscurité très-épaisse lorsque l'auteur de la définition, peu sûr que la vie soit une chose plutôt qu'une autre, une vertu de la matière ou le résultat de l'action du milieu sur celle-ci, ajoute : « la vie et la substance organisée coexistent. » Pardon, M. Littré, deux phénomènes coexistants peuvent adhérer l'un à l'autre : le cas est fréquent, aussi bien dans le règne organique que dans le règne inorganique ; mais nous ne comprenons point et probablement vous ne comprenez pas davantage comment la coexistence de la matière et de la vie peut s'accorder avec la supposition de l'*inhérence* des propriétés vitales à la substance organisée.

Prétendre qu'une cause, résidant dans certains milieux, fait surgir, de la matière, les propriétés de la vie, et dire ensuite que la substance organisée et la vie coexistent, celle-ci étant inhérente à celle-là, est aussi peu exact que si l'on disait d'une machine artificielle : les matières dont elle est fabriquée, le moteur qui la met en mouvement, la force qu'elle déploie, tout cela lui est inhérent et tout cela coexiste. Évidemment, dans la machine artificielle, l'organisation a précédé le fonctionnement, et, dès lors, il n'y a pas simultanéité de ces deux termes. Il n'en est pas d'une autre manière dans l'organisme vivant. Si, là, c'est la main du mécanicien qui a ouvré les pièces de la machine, les a ajustées et coordonnées, ici c'est l'action des milieux obéissant on ne sait à quelle direction et à quelle force qui a produit, non pas encore la combinaison organisée, mais seulement la réunion des éléments d'où elle devra sortir.

Car, on le sait bien, la substance organique, et non organisée, formant l'œuf d'un animal ou la graine d'une plante, ne cesse pas d'être de la matière inerte, insensible, même corruptible, jusqu'à l'instant où l'incubation, c'est-à-dire l'influence d'un milieu approprié, imprime l'impulsion vitale au germe contenu dans l'œuf ou dans la graine, en y incitant l'action nutritive, cette première manifestation de la vie.

Quand même les propriétés organiques résideraient originairement dans certains corps simples, tels que l'oxygène, l'hydrogène, l'azote, le carbone, qui jouent un rôle si marqué dans la constitution des êtres vivants ; quand même ces propriétés seraient inhérentes à chaque molécule de la matière brute, cela ne ferait pas que la vie coexistât avec les substances où elle s'organise, puisque la nutrition n'est particulièrement la propriété d'aucune d'elles, et que, jusqu'à l'apparition de ce phénomène primordial, la matière prétendue organisée demeure dans un état homogène, amorphe, indéterminé, privé de toute apparence de sensibilité.

Comment passe-t-elle de la simplicité de ce premier état à l'état de savante complication où elle parvient chez les animaux supérieurs ? Par une cause extérieure qui détermine l'organisation selon le plan fixe d'après lequel se sont groupés les éléments de l'agrégat organique. Il s'ensuit que la vie est la suite de l'organisation, l'ultime résultat de coïncidences physico-chimiques faites pour l'engendrer ; mais ni ces coïncidences, ni l'élaboration qui les amène, ni

le nœud qui les relie, ni enfin la cause qui en
fait surgir les merveilleux effets, ne paraissent relever de propriétés inhérentes aux atômes bruts de
la matière. Il y a là on ne sait quoi de supérieur
aux qualités que ceux-ci acquièrent par l'agréga-
tion et l'organisation ; car, du plus infime au plus
considérable, les actes de la vie sont tous des phénomènes dont rien ne laisse pressentir la possibilité
dans les phénomènes du règne inorganique. En un
mot, ce que l'on entend par propriétés physiologiques de la substance organisée ne semble pas
plus être inné dans la matière, que les mouvements
d'un chronomètre ne paraissent résulter de propriétés
immanentes aux métaux dont il est fait. De même que
la marche mécanique de la montre est, à n'en pas
douter, un fait conforme à l'intention qui a présidé à
l'exécution de cet instrument, de même, dans l'être
vivant, la forme et l'essence des éléments, les fonctions et tout ce qui caractérise la vie, sont évidemment
l'expression d'une idée, les moyens et les fins d'une
intention préalable.

En apparence et probablement en réalité, l'organisation, la nutrition, la reproduction, sont des phénomènes ayant leur cause en dehors de la matière ;
mais l'on préfère s'imaginer que la matière renferme
en elle-même primitivement, radicalement, l'essence
de la vie, et que, pour en développer les manifestations, il lui suffit de se trouver placée dans certaines
conditions de milieu. Que l'on explique alors comment les propriétés vitales de la matière se traduisent,

dans le même milieu, en des phénomènes si différents les uns des autres, pourquoi le même espace d'eau ou de sol est le réceptacle d'une multitude d'êtres, qui ne se ressemblent pas plus que la multiplicité des formes de gâteau que l'ingéniosité du confiseur extrait d'une même pâte.

Comparaison du transformisme aux grandes synthèses philosophiques Arguments tirés de la philologie et de l'embryologie.

Toutefois, il est indifférent, dans la question qui nous occupe, que la vie soit une propriété de la matière ou le principe organisateur de celle-ci, que les facultés mentales aient leur source dans le cerveau ou se dégagent de l'ensemble des fonctions organiques. Ce qui importe, c'est que l'on ne tourne pas le dos à la vérité évidente, savoir que tous les phénomènes d'ordre physique, dont nous avons incessamment le spectacle sous les yeux, découlent de lois, fixes, d'une activité continue, produisant perpétuellement des conséquences déterminées, dont l'émission frappe nos sens jusque par leurs moindres détails ; il importe surtout que l'on fasse attention à cette autre vérité palpable, que les lois qui régissent la vie, effet ou cause, principe ou résultat, ne sont pas plus secrètes, dans leur expression physique, que les lois qui président aux mouvements de la mécanique céleste, que celles qui ramènent quotidiennement le flux et le reflux de la mer, que celles qui produisent le vent ou la pluie, le froid ou la chaleur, tous les phénomènes atmosphériques.

Et quand pénétré de ces vérités-là, on aura reconnu que les révolutions de la terre dans son orbite, le retour de la marée, le vent, la pluie, la neige, la chaleur, l'électricité, sont des phénomènes nécessairement invariables dans leur caractère, que l'on se demande consciencieusement s'il peut être scientifique d'imaginer que les lois de la vie ont alternativement des périodes de transformation et des périodes de fixité, qu'il y a eu, dans le lointain de l'âge du monde, une époque où le singe, par une évolution physique et morale, tout à la fois, s'est transformé en homme, et que, depuis lors, ce mouvement de progrès s'est arrêté, au grand préjudice des familles simiennes qui ne profitèrent pas de l'occasion.

Il faut voir les choses superficiellement, comme les voit M. Roujou, pour dire que rien n'est fixe et n'est immuable, dans notre monde, que le temps y transforme tout, les astres, l'écorce terrestre, les mers, les lacs, les fleuves, les plantes, les animaux, les races humaines, les institutions politiques, les institutions religieuses, les langues et les mœurs. Si ce mouvement existe, et nous ne saurions le nier, ce n'est qu'à la surface. C'est la variabilité de l'expression, la variabilité extérieure, que l'on prend pour un changement profond.

La planète dont l'écorce s'accroît de nouvelles couches ne cesse pas d'être une planète, les mers,

les lacs, les fleuves qui élèvent ou abaissent leur
niveau, étendent ou restreignent leurs limites, ne
cessent pas d'être des amas d'eau, les races botaniques ou zoologiques, ainsi que les races humaines,
qui varient à l'infini, ne s'éloignent point de leur
individualité spécifique, les idées sociales et les idées
religieuses, les langues et les mœurs, quoique différents selon les temps et les lieux, sont toujours les
expressions des mêmes sentiments, ou les formes de
facultés et d'inclinations dont le fond intime ne varie
pas plus que n'a varié l'individualité de l'enfant
devenu vieillard.

Quoi, d'ailleurs, qui soit moins fait pour appuyer
l'hypothèse de l'évolution de la vie par la transformation de ses formes, que l'hypothèse philologique
faisant sortir d'un même fond toutes les langues indo-
européennes ? MM. Roujou, Bertillon et Georges
Pouchet, qui usent à qui mieux mieux de ce faux argument, devraient bien remarquer que la présomption
d'une origine commune pour le grec, le latin, le
slave et le teuton, implique la variabilité de la forme
du langage sans laisser admettre que la faculté psychologique, dont il est l'expression, soit le moindrement modifiée par ce changement morphologique. La
diversité des langues, sur la base de l'unité de gram-
maire et de racine, a quelque analogie avec la
variété des races dans le cercle de l'espèce ; elle n'en
a aucune avec la diversité des espèces sur la base de
l'unité de composition organique.

Soit, dira-t-on, aucun fait susceptible d'être vérifié

expérimentalement n'établit la parenté de telle espèce avec telle autre, n'autorise à croire que le lapin et le lièvre, l'âne et le cheval, la chèvre et le mouton, le chien et le loup, le singe et l'homme, descendent d'un même progéniteur, ainsi que sont sortis d'une même langue-mère — l'ariaque — tous les idiomes et tous les dialectes ; mais il n'est pas nécessaire qu'une grande synthèse philosophique prévoie tous les petits faits de détail et les explique toujours.

Pour que nous regardions comme probable la vérité objective de ses grandioses hypothèses, il suffit qu'elle rende un compte simple et exact de toutes les grandes lignes de la nature et résume les faits passés ou présents, dans leur existence, leur enchaînement, leur succession, au moins dans la grande majorité des circonstances particulières. Or, c'est précisément le caractère du transformisme de satisfaire à ces conditions principales. Son mérite est bien moins dans la sûreté des déductions et des explications des faits de détail, que dans la conformité des grandes lignes et dans la présomption qu'il nous donne une idée générale de l'évolution du monde. Il n'y a également qu'une vérité relative dans la magnifique hypothèse cosmogonique de Laplace et dans l'hypothèse géologique qui en est la conséquence, sur le commencement igné de notre planète (1).

C'est purement de la littérature fantaisiste. Une conception synthétique sans conformité avec les

(1) *Bulletins de la Société d'anthropologie de Paris*, tome 5 : *Valeur de l'hypothèse transformiste*, par M. Bertillon.

apparences générales, et qui, dans les détails, oppose à la réalité visible une prétendue réalité cachée, qui nie la fixité dont nous sommes frappés pour affirmer une mobilité que nous ne voyons pas, qui, au lieu d'être basée sur la vraisemblance de l'ordre de choses qu'elle entend expliquer, repose sur une antithèse invraisemblable, cette conception n'est pas faite, quoi que l'on en dise, pour entrer en comparaison avec les grandes synthèses philosophiques, douteuses sur quelques points secondaires, mais au moins empreintes de vérité dans leurs grands traits, telles que l'hypothèse de la gravitation universelle, l'hypothèse de la formation graduelle des étages géologiques, la théorie de la transformation des langues.

Soit encore, ajoutera-t-on, peut-être, l'hypothèse du transformisme paraît contraire à la vraisemblance et aux logiques déductions des faits observés, pendant la courte durée des temps historiques; il lui manque d'être assise, ainsi que l'astronomie, la physique et la chimie, sur des certitudes expérimentalement acquises ; mais si la nature vivante opère ses transformations d'une manière occulte, si la lenteur avec laquelle ses procédés amènent leurs résultats d'ensemble, et tracent les grandes lignes du monde organique, fait que nos yeux sont trompés à ce point que le changement s'offre à eux sous l'apparence de la fixité, il est cependant démontré par l'embryologie, que toute existence débute par la simplicité primordiale de la cellule et que, devenue embryon, passant par les complications excessives qui, dans l'immense

kyrielle des siècles, ont conduit l'espèce à sa complication présente, elle s'élève, de degré en degré,
change de classe, d'ordre, de famille et de genre,
rappelant ainsi toutes les phases de l'évolution accomplie (1).

Et pour corroborer cette thèse, excipant des altérations congéniales du type spécifique, chez l'homme,
on prétendra que la série connue de ces vices de conformation, résultant des arrêts de développement qui
atteignent certains organes de l'embryon humain, à
l'une de ses phases évolutionnaires, présente comme
une récapitulation complète des stationnements de
l'espèce dans chacun des degrés successifs de son
ascension progressive. « Rien de plus commun,
observera-t-on, avec Isidore Geoffroy-Saint-Hilaire,
que de voir l'homme offrir des traits marqués de
ressemblance avec divers mammifères..... Il n'est
pas jusqu'aux invertébrés dont les plus graves anomalies ne puissent reproduire, chez lui, quelques caractères. » Puis on fera remarquer que, « les monstruosités dont chaque espèce animale est susceptible, dans
chacun de ses organes, ont, pour règle et pour
limite, la ressemblance aux organes analogues des
types placés *au dessous* du type observé dans l'ordre
paléontologique, et jamais aux types placés *au dessus*
ou plus récents (2). »

Il n'y a là encore qu'une brillante phraséologie,

(1) Bulletins de la Société d'anthropologie de Paris, tome 5, *Valeur
de l'hypothèse transformiste*.

2) Même ouvrage.

nous dirions du verbiage scientifique, si ces deux
mots ne juraient de se trouver accouplés. D'abord, on
en convient, l'embryologie ignore, à cet égard, tant
de choses essentielles, que l'on peut hardiment assurer qu'elle ne sait presque rien de la prétendue gradation évolutionnaire de l'embryon. S'il est vrai qu'à
ses débuts la vie de certaines espèces, telles que le
cheval et l'éléphant, rappelle, non la forme anatomique d'une autre espèce, mais celle d'un autre
genre disparu, la seule conclusion qui puisse réellement sortir de cette circonstance préliminaire, c'est
que l'élaboration de la forme passe par les degrés
géométriques que comporte l'unité de composition. Il
n'y a, en effet, que des différences purement mathé-
matiques entre l'éléphant et le mastodonte, entre
l'hipparion et le cheval, et ces différences ne paraissent constituer, ni une infériorité, ni une supériorité organique.

Quant aux déductions tératologiques, pourquoi
auraient-elles plus de valeur, au point de vue transformiste qu'au point de vue de la permanence de
l'espèce? Si la marche de la vie, dans ses préludes
organiques, est marquée de nombreuses ressemblances qui témoignent de l'unité de composition
anatomique, est-ce que la vie, définitivement organisée, n'est pas davantage encore, notamment chez les
vertébrés mammifères, empreinte de souvenirs uni-
voques? Pour apercevoir les points de comparaison
par lesquels les classes, les ordres et les espèces se
rapprochent les uns des autres, il n'est pas nécessaire

de suivre les transitions de la vie embryonnaire à l'aide du microscope, d'ailleurs toujours impuissant à fixer l'œil sur les menus détails : il est plus facile et plus sûr de demander la révélation de ces rapports à l'anatomie comparée.

Cette science n'a jusqu'ici fait aucune découverte conduisant à prétendre que les mollusques proviennent des zoophytes, les annelés des mollusques, les vertébrés des annelés ; mais elle a constaté que les diversités, dans chacun des grands embranchements de la faune, se relient par des caractères communs ; elle a constaté, par exemple, que les mammifères, et après eux les oiseaux, se touchent par une infinité de côtés, par le système vasculaire, le système viscéral, les organes de la vision et de l'audition, la structure des vertèbres et des membres, etc., etc.

La vie développée présente une assez grande somme de correspondances qui sautent aux yeux, pour que l'on n'aille pas chercher péniblement, dans l'étude des embryons, des similitudes invisibles. Mais ces affinités, ces analogies, ces corrélations, sur lesquelles les transformistes fondent leurs présomptions de métamorphoses graduelles, ne sont pas des faits contraires à la doctrine de Cuvier. Non, certes. En présence de la fixité indéniable des types vivants, la seule conséquence que l'on puisse déduire de la parité de leur composition, c'est qu'il suffit, à la nature, de quelques éléments fonciers, toujours les mêmes, pour varier, sans cesse, la forme de ses patrons.

Nous trouvons une image artificielle de ces rayonnements concentriques de l'unité anatomique, dans les innombrables variations que les temps, les lieux, la mode, font subir à la forme et à l'agencement de nos costumes, sans toucher à l'unité de trame et sans changer la nature des éléments de fabrication. Nos vêtements s'agencent d'une manière rigoureusement déterminée, tantôt d'une façon, tantôt d'une autre, par le seul effet d'une modification dans la coupe des modèles. De même par une cause dont on ne connaît que les résultats, les animaux comme les végétaux, diffèrent entre eux, sous une infinité de rapports, quoiqu'ils soient formés d'éléments de même nature et dont l'arrangement, au moins chez les espèces voisines, est presque identique.

Evidence des changements que subit la forme ; inflexibilité du caractère spécifique. Caractères de la variation. Limites de la dérivation. Buffon accusé de transformisme.

Mais, dit-on, si dans les faits observés le principe de la vie ne paraît pas suivre le mouvement de la matière, c'est parce que le temps et les milieux, l'habitude et l'hérédité agissent si lentement qu'il faut, à la nature, des centaines, et peut-être des milliers de siècles, pour opérer la métamorphose d'une espèce en une autre, c'est-à-dire pour refaire l'instinct d'un animal ou la séve d'une plante en voie de transformer son organisme.

Cette lenteur dans la transmutation du caractère

spécifique ne peut guère se concilier avec un rapide
changement de la forme. Si l'enveloppe n'est pas
seule susceptible de varier, s'il est vrai que d'une
évolution imprimée à la vie extérieure doive résulter une modification concordante de la vie intérieure,
il y a là deux phénomènes contigus, dérivant l'un
de l'autre et que l'on ne saurait physiologiquement
séparer.

Lorsque, pour changer spontanément l'aspect de
la forme, il suffit d'un accident survenu à l'embryon
ou au germe, d'un croisement préparé artificiellement
ou amené par le hasard, il n'est pas logique de prétendre que la conséquence extrême de ce commencement de transformation n'arrivera qu'à la suite de
milliers de siècles. Deux faits procédant l'un de l'autre
sont ici nécessairement consécutifs. Dès lors l'argument tiré de la longueur de temps dont la nature aurait
besoin pour parfaire ses métamorphoses n'est que le
moyen de couvrir les défaillances d'une doctrine qui
n'est pas sûre d'être infaillible. Mieux vaut certainement demander aux enseignements de la science
d'observation qu'à d'ingénieuses, mais vaines conjectures, quel est le véritable rôle des siècles dans l'œuvre génésiaque.

La paléontologie, classant chronologiquement les
fossiles qu'elle a exhumés des strates géologiques,
nous montre, avec les dépouilles d'un grand nombre
d'espèces qui n'ont fait que traverser une ou deux des
périodes de la création, les restes d'un plus grand
nombre encore d'autres espèces qui, contemporaines

des premières ou leurs anciennes, sont, cependant, parvenues jusqu'à nous. C'est, paraît-il, le changement des milieux et principalement de la température, qui a éteint les unes, assuré la conservation des autres ; ce sont les causes ambiantes qui ont maintenu les espèces faites pour durer et détruit celles qui avaient rempli leur destinée et leur rôle prévus. Entre celles-ci et celles-là, nous n'apercevons aucun rapport généalogique, aucune trace de ce prétendu système de transformations suivies qui les aurait substituées les unes aux autres.

Nous voyons, d'un côté, des formes outrées, mais passagères, qui ont pour toujours disparu avec les milieux auxquels elles s'adaptaient et n'ont rien laissé survivre de leurs massives proportions ; de l'autre côté, des formes variant superficiellement par l'effet de la génération et des influences climatologiques, mais ne s'écartant jamais, quant à l'instinct ou à l'essence, du type spécifique qui les a originairement engendrées.

Nous reviendrons sur ce sujet en traitant de la fixité de l'espèce. On verra, non-seulement qu'il est de toute impossibilité de trouver les rapports génériques qui relieraient la population paludéenne du second âge à la population marine du premier, mais aussi que l'on ne peut même pas rajuster, généalogiquement, les tronçons divergents d'une seule des familles zoologiques dont la division en branches collatérales est le plus nettement dessinée dans les dépôts tertiaires et quaternaires, ce qui s'applique à l'éléphant, au cheval, au bœuf, au cerf, au singe et à tous les animaux congénères apparents de genres qui n'existent plus.

Il est bien vrai qu'une première variation, transmise héréditairement, peut en amener une seconde, celle-ci une troisième et ainsi de suite jusqu'à diversifier à l'infini les rameaux d'un même tronc ; mais ces écarts se résument tout simplement en des extensions ou des réductions de la forme, en des modifications d'où sortent des disparates et des bigarrures qui n'altèrent point l'élément constitutif de la vie propre à l'espèce.

L'hérédité amasse, amalgame et confirme, dans une certaine mesure, tout ce qui peut survenir d'anomalies, de perfectionnements, de dégénérescences, à la suite de sélections dévoyées ou bizarres ; mais, en se comportant ainsi, elle cède à une contrainte que la nature ne saurait lui faire subir sans l'aide d'un intermédiaire violenteur.

C'est, conséquemment, tomber dans une profonde erreur que d'attribuer à l'hérédité la puissance de consacrer tous les faits réguliers, ou irréguliers, de la génération. Si l'hérédité participe aux caprices de la sélection, ce n'est, nous le répétons, que dans une mesure très-étroitement limitée.

Dès que la sélection s'égare, l'hérédité s'arrête ou revient sur ses pas. Il faut d'ailleurs ne pas perdre de vue que l'hérédité ne serait qu'un contre-sens, si elle pouvait, ainsi qu'on l'assure, d'une part, accentuer les similitudes acquises, d'autre part, faire dis-

paraître les degrés intermédiaires. Il y a là deux
actions distinctes, une de transmission, l'autre d'effacement. En bonne logique, cela devrait se nommer
variation et non hérédité, car c'est le caractère de la
variation d'être oscillante, de se produire par des sauts
en avant et des retours en arrière.

L'hérédité est fidèle à sa mission conservatrice ;
ce qu'elle transmet et conserve indélébilement, ce ne
sont pas les apparences extérieures, mais l'invariabilité même du caractère intime. C'est dans ce sens
seulement qu'elle est l'hérédité et embrasse l'univer-
salité de ce qui vit, laissant flottants et incertains les
aspects physionomiques, mais préservant de toute altération le principe fondamental qui se cache sous eux.

C'est également se tromper que de prendre la
sélection pour un agent libre et actif. Nous voyons
bien qu'elle existe conditionnellement dans la précieuse délégation de pouvoir fécondant que la nature
a placée dans les mains de l'homme ; mais nous la
cherchons en vain dans la liberté. Il est manifeste
que cette prétendue lutte pour l'existence, dont
M. Darwin tire de si merveilleux effets, n'a été, en
dehors de la domesticité, qu'un incident presque
inaperçu, aussi loin que les connaissances acquises à
l'humanité nous permettent de remonter vers l'origine de l'empire organique.

Les déviations et surtout les aberrations, dans l'état
de nature, sont, en effet, tellement rares que l'on doit
les considérer comme des exceptions confirmant la
règle d'une sélection limitée à l'espèce.

Ainsi, l'union de l'hérédité et de la sélection n'ont d'autre résultat que celui de constituer une diversité définie. Dès lors ce ne sont que des indices trompeurs ceux sur lesquels on a fait reposer cette proposition que les êtres vivants, reliés par quelques traits similaires, descendent les uns des autres et remontent à un petit nombre d'ancêtres communs, sinon à un seul progéniteur.

Parce que la somme des similitudes organiques est véritablement plus forte que celle des divergences, est-ce à dire nécessairement que la nature a dû, d'abord, renfermer son œuvre dans l'émission de quelques principes élémentaires et la faire, ensuite, rayonner en une multiplicité de métamorphoses chromatiques, allant du simple au composé ? C'est trancher la question et non la résoudre, que de conclure à l'affirmative par cette raison que l'uniformité de plan, pour la plupart des organismes, rend plausible la supposition qu'ils sont tous originaires d'une ou de plusieurs ébauches primordiales.

Certainement, il existe des rapports de conformation entre les êtres vivants, ainsi qu'il y a des traits de ressemblance entre les minéraux, entre les liquides et les fluides, entre toutes les choses de la nature ayant une même analogie ; mais ce n'est pas assez de ces similitudes pour faire affirmer que tant de conséquences différentes dérivent d'un même principe. Par exemple, quoiqu'il y ait chez l'homme des traces d'un appendice caudal et quoique sa main ait des rapports de structure avec la patte du chien, le pied à sabot du ruminant, la nageoire du cétacé, l'aile de l'oiseau ou de la chauve-souris, ce n'est pas assez, croyons-nous, de cette ressemblance anatomique d'ailleurs fort éloignée, pour faire admettre que la filiation de l'homme a son origine en arrière de lui. Ce qu'il faudrait établir, au moins par des indices de quelque valeur, c'est que la nature n'a pu faire surgir tous les éléments du monde organique, ni d'un seul coup, ni successivement, de la diversification du même élément organique, et qu'elle aurait eu besoin de multiplier ses plans pour diversifier son ouvrage, si la transformation n'avait été son procédé.

On peut le prétendre, mais l'assertion ne tient point devant l'examen de la véritable variabilité de toute chose, soit dans le monde physique, soit dans le monde moral. Tout varie effectivement, mais tout varie en soi, concentriquement à lui-même, sans se dénaturer et même sans changer d'aspect général.

« Quoi de moins varié, remarque M. de Saporta, dans la *Revue des Deux-Mondes*, — mois d'octobre 1869 — que les individus d'un même troupeau, les cerfs d'une même contrée, les lièvres, les loups, les renards comparés les uns aux autres? Cependant, ajoute-t-il, même chez les animaux les plus semblables en apparence, la diversité n'existe pas moins, puisque les animaux sauvages se reconnaissent entre eux et que le berger distingue, sans hésiter, chacune de ses bêtes. »

C'est parce que la variabilité réelle, celle dont nos sens se rendent compte, est inépuisable sans être subversive, et se résume en une diversité de touche génériquement insignifiante, bien qu'elle soit assez accentuée, dans chaque individu pour que nous puissions reconnaître, dans la foule qui se presse autour de nous, non-seulement nos proches et nos amis, mais encore nos simples connaissances d'un moment. Dans cette variabilité définie qui a existé en arrière de nous et existera probablement toujours, rien ne laisse présumer une variation profonde, allant de la perte de caractères antérieurement acquis à l'apparition de caractères nouveaux, ou à la réunion de ceux-ci à ceux-là et jusqu'à la possibilité de fixer une anomalie créant une espèce nouvelle.

Pour expliquer les intervalles qui séparent ou rapprochent les êtres vivants, on fait intervenir, non un principe souverainement promoteur et régulateur de ces dissemblances, mais une tendance des organismes à évoluer sous l'impulsion conditionnelle de causes fortuites. Ainsi, la prédisposition de l'espèce à varier demeurerait occulte et inactive aussi longtemps qu'elle ne rencontrerait pas les circonstances capables de la mettre en jeu. Elle agirait, ensuite, lentement ou rapidement, subirait des temps d'arrêt, retomberait dans l'inertie, suivant l'intensité, le ralentissement ou la cessation des causes déterminantes.

Évidemment, un pareil système, s'il n'était chimérique, laisserait en chemin, dans les développements de la vie, tant de choses commencées pour rester inachevées, que nos yeux ne manqueraient pas de se fixer sur quelques-unes de celles que le progrès aurait trahies au quart, au tiers ou à la moitié de la route. La transformation conditionnelle, dépendante du hasard, au lieu de fonder cet admirable enchaînement de divergences corrélatives qui constituent le règne général de la vie, n'aurait rien assorti, rien coordonné, rien pondéré : le désordre et la confusion eussent été partout, dans l'empire de la nature animée, car il nous paraît impossible, dans l'ordre physique, ainsi que dans l'ordre moral, d'admettre la convergence des aptitudes et des adaptations fonctionnelles en dehors d'une direction combinante. Nous pourrions croire à une transformation harmonique se produisant par les effets seuls, infaillibles, de la sélection et de l'hérédité ; mais nous ne saurions attendre des résultats réguliers et concordants d'une évolution sans règle précise et incidemment déterminée.

Fénelon a dit : « L'évidence est le *criterium* de la vérité. » Eh bien, ce qui se voit réellement, dans cette question du progrès des organismes, c'est que leur variabilité, soumise à une loi de restriction aussi absolue que celle qui renferme le mouvement rotatoire de la terre dans un cercle tracé autour du soleil, n'est qu'extérieure, transitoire, fugitive ; et si cela se voit seul, où sont les probabilités qui autorisent l'hypothèse darwinienne ou les autres hypothèses évolutionnistes ?

Il y a incontestablement, chez les espèces naturelles, une disposition à varier, puisque, par les effets de la culture et du croisement, celles que nous domestiquons se ramifient en races nombreuses, assez

souvent très-différentes les unes des autres ; mais
varier est bien loin d'être la même chose que dériver. La variation, propriété inhérente à la forme, est
partout ostensible dans les deux règnes. La dérivation, dont on place le principe dans une tendance du
caractère spécifique, laquelle aurait ses commencements dans la variation, ne se laisse pas même
deviner au delà de celle—ci, ni dans un règne, ni
dans l'autre.

On voit parfaitement que la disposition de la forme
à se différencier ne demande que l'impulsion de la
culture pour s'étaler en conséquences très-multi-
pliées ; on ne voit point se rattacher, à cette mutabilité superficielle, le moindre ébranlement de ce qui
n'est pas la matière. L'invariabilité des mœurs de
l'animal et de l'essence de la plante, malgré l'instabilité de leurs caractères morphologiques, est indéniable
parce qu'elle se manifeste matériellement, non-seulement pendant le cours peu étendu des siècles historiques, mais encore pendant la durée incalculable des
âges antédiluviens.

On peut s'y méprendre et l'on s'y est, en effet, bien
des fois mépris, en suivant le changement des formes
sans se préoccuper de l'immobilité des caractères
intimes ; on peut surtout s'y tromper lorsque l'on est,
par avance, convaincu que l'unité de composition
organique et la similitude des phases embryonnaires,
chez les animaux, sont des preuves irrécusables d'une
filiation commune.

Nous ne pensons pas que Buffon soit tombé dans

ne pareille erreur, ni qu'il ait rien dit de favorable à la doctrine de la transformation naturelle, en exprimant l'avis que les quadrupèdes dont il donne l'histoire « peuvent se réduire à un assez petit nombre de familles ou souches principales, dont il n'est pas impossible que toutes les autres soient issues ». On n'est pas transformiste uniquement parce que l'on croira à l'origine commune de certaines espèces, à divers égards, semblables par les mœurs et par la conformation.

Il ne servirait pas davantage au transformisme, que M. Naudin, si autorisé en ce qui touche au régime végétal, émît l'avis que le poirier, le pommier et le cognassier, d'un côté, le citronnier, l'oranger et le mandarinier de l'autre côté, doivent descendre d'un même auteur. Ce qui serait utile, dans l'examen de la question, c'est qu'il pût indiquer, ne fût-ce que par un à peu près, quel a été l'ébauche, l'élément primordial, du poirier ou du citronnier. Rétrécir le champ des métamorphoses en les groupant et en en répartissant les conséquences dans le temps et dans l'espace, ne suffit pas pour donner une apparence de vérité à l'hypothèse de la transformation.

Il est entendu, sans doute, que la souche polygénique, si multiple qu'elle soit, doit avoir son point de départ dans un élément rudimentaire infinitésime, ainsi que le début monogénique ou oligogénique. S'il en était autrement, si l'on voulait dire que l'émission du type sériaire s'est opérée directement, sous l'une des formes spéciales au groupe congénère, on serait alors tout à fait dans la pensée de Buffon, ce qui reviendrait à soutenir, malgré soi, le principe de l'immutabilité du type spécifique.

Au point de vue des idées de Buffon, sur le mode d'apparition de la vie, il importe peu que les groupes zoologiques formés d'espèces qui ont entre elles un air de parenté soient des rameaux d'une même souche. Qu'il y eût des rapports de consanguinité entre le bœuf, le buffle, l'aurochs et le bison ; entre la brebis, la chèvre et tous les ongulés du même genre ; entre le lion, le léopard, le jaguar, le tigre et tous les inongulés de la famille féline, cela ne prouverait pas que la vie ait échelonné ses perfectionnements en degrés successifs, commençant à l'ébauche rudimentaire pour se terminer à la plus haute expression du travail organisateur. La variation, que nous distinguions, tout à l'heure, de la transformation, allât-elle jusqu'à la bifurcation des caractères spécifiques, il n'y aurait là rien qui compromît le principe de la permanence des espèces.

Cependant, pour avoir dit que les genres semblent se rattacher, chacun respectivement, à une souche commune, Buffon a été récemment accusé, au sein de la Société d'anthropologie de Paris, sinon de transformisme, au moins de tergiversation.

A notre grande surprise, M. Broca l'y a représenté comme admettant ou rejetant, tour à tour, suivant les inspirations du moment et les besoins de la cause, le fond même de la doctrine qu'il voulait soutenir. Si ce n'est sévère, c'était à coup sûr inutile,

car les opinions de Buffon ne peuvent être d'aucun
secours à l'idée générale du transformisme, non plus
qu'à l'intérêt particulier de la polygénie, imaginée
par M. Broca dans le but peut-être de ménager un
moyen de conciliation entre les deux doctrines adverses.

La polygénie n'emprunte, en effet, aucune force
à la possibilité que les genres zoologiques, ayant
entre eux une certaine conformité de structure et
d'instincts, soient les branches d'un même tronc. Que
le lion eût commencé par être un chat et que le chat
fût devenu le roi des animaux, que le cheval dérivât
de l'âne, l'aigle de l'épervier ou de la buse, la tourterelle du pigeon, la poule de la perdrix ou de la
caille, il ne résulterait pas de ces variations, dans les
familles, que la polygénie fût un interprète intelligible
du mode évolutionnaire que la vie aurait suivi pour se
perfectionner et se diversifier.

**La théologie et la vérité scientifique. La pensée. Les éléments
génésiaques, leur agencement et leur spécificité.**

Il est également indifférent, à nos yeux, que l'é-
loquent auteur de l'*Histoire naturelle* et, après lui,
l'illustre Cuvier, aient fait fléchir la vérité scientifique
devant l'invraisemblance des dogmes religieux, en
ce qui touche à la géogénie et à l'émission de la vie.

L'inflexibilité des caractères spécifiques ressortant
de leur persistance à travers les siècles, depuis le

moment où l'on en rencontre les premières traces jusqu'à nos jours, pour mettre en lumière la notion du vrai, à cet égard, il n'est pas nécessaire de la maintenir enchassée dans les obscurités de la théologie. Nous ne sommes pas surpris de la trouver là comme une tradition née avec le genre humain; nous serions étonné de la voir repousser par le motif qu'elle est mêlée aux croyances religieuses.

Quand le système universel semble résulter de lois sûres, régulières, non susceptibles d'être troublées dans leur cours, et que la science, voyant là un mécanisme éternel et immuable, refuse de rapporter l'existence du monde à « la volonté toute puissante d'un dieu personnel, d'un dieu vivant, qui fait tout, qui maîtrise la nature, qui dispense à son gré, parmi les individus comme parmi les espèces, la force et la faiblesse, la mort et la vie », le refus de la science a une base logique ; mais lorsque, après avoir accepté les apparences pour apprécier les moyens, elle les rejette pour juger les fins, la science se contredit, n'est pas conséquente.

Admettre en fait, parce qu'elle est apparente, l'immutabilité des lois de la nature, et révoquer en doute, quoiqu'elle soit visible, la permanence, dans ses diversités, du principe de vie qui découle de ces lois, c'est effectivement tomber dans une flagrante contradiction, à moins que l'on n'établisse que, certaines sur le premier point, les apparences sont trompeuses sur le second. L'un n'est pas plus démontrable que l'autre.

Il existe tant et tant de témoignages des régimes différents traversés par la planète, qu'il est téméraire d'affirmer l'immutabilité absolue des lois de la nature, et, en ce qui concerne la fixité des types végétaux ou animaux, les observations auxquelles on se réfère en la proclamant véritable remontent trop haut, dans le passé, pour que l'on puisse lui opposer sérieusement la singulière allégation que l'humanité n'a pas encore vécu le temps nécessaire à la constatation de métamorphoses dont l'accomplissement peut exiger le concours de plusieurs milliers de siècles. Pauvre moyen de persuasion, en pareille matière, que celui qui consiste à dire à des auditeurs incrédules : « Allez-y voir. » Il nous semble entendre un astronome contester la perpétuelle régularité de la mécanique céleste, en arguant de l'étrangeté de la période glaciaire, pour soutenir que la terre dévie, par intervalle, de son orbite et s'éloigne du soleil.

Que les transformistes cessent de se faire illusion : la doctrine pour laquelle ils combattent, à l'abri d'un argument qui ne peut être ni affirmé, ni réfuté expérimentalement, ne se soutient que par l'attrait qui s'attache à toute nouveauté. Nous sommes sûr qu'ils rejetteraient eux-mêmes cette doctrine, par des raisons tirées de son ancienneté, si Confucius ou Moïse en était le père.

Quelle que soit l'opinion que l'on se fasse sur les origines de la vie, et si affranchi que l'on soit de préjugés mystiques, il est impossible que l'on ne reconnaisse pas, dans l'œuvre de la création, la pensée et le dessein préalables, de mettre en jeu des moyens déterminés pour leur faire produire des effets prévus. Où résident cette pensée et cette intention ? La science l'ignore, mais elle sait et nous savons tous que l'homme pense et que cette précieuse faculté dont il jouit seul, parmi les créatures, n'a pas plus sa source en lui-même que la matière dont il est fait.

Dès lors, nous sommes forcés d'avouer que si l'homme possède la faculté de penser, c'est parce qu'elle existe ailleurs et qu'elle lui a été départie. Les esprits, pénétrés d'horreur pour le surnaturel, assurent que la pensée est une émanation de la matière et que cela seul est naturel qui provient de celle-ci ; mais ce qu'ils disent n'a aucune conformité avec ce qui se voit et ne concorde pas davantage avec ce que la conscience humaine pressent.

Ce qui se voit, c'est que la pensée est le moteur de la matière ; ce que la conscience humaine pressent, c'est que, sans la pensée, la matière demeurerait inerte et informe, c'est que, sans la pensée, propriété manifeste de l'esprit, la matière serait comme si elle n'existait pas, l'univers serait resté un amas confus de substances éthérées.

Nous sommes loin de nous imaginer que la matière soit la propriété de l'esprit, ni que celui-ci ait fait surgir, d'une substance unique, la multiplicité des formes et la variété des attributs de la matière ; nous croyons, au contraire, qu'il existe une confusion de substances diverses que l'esprit démêle et auxquelles il imprime les mouvements appropriateurs par lesquels elles coopèrent, chacune selon ses propriétés spécifiques, dans la trame des choses. « L'esprit n'est pas la substance, dit le savant physiologiste M. Papillon, il est la loi de la substance..... Il n'est pas la réalité, mais c'est en lui et par lui que les réalités se déterminent, se différencient et, par suite, existent (1). » C'est l'esprit, « ce quelque chose que l'œil ne peut atteindre et qui renferme en soi la raison suffisante de toutes les différences que l'unité de configuration nous dissimule », qui met en œuvre la matière, en condense plusieurs molécules en une seule, et, avec ces molécules condensées, opère les distributions, les ordinations, les hiérarchies, les harmonies de détail dont se forme l'harmonie universelle.

Pour nous, sans qu'il soit besoin d'en faire une personnalité divine, ni de reléguer la majestueuse idée de Dieu au rang des hypothèses, la pensée est le foyer des lois de la nature et, par conséquent, la mère des mondes, ce dont les transformistes ne paraissent pas se douter lorsqu'ils font dériver, de l'évolution de la matière, le progrès des facultés morales.

Que l'on désigne par un nom ou par un autre cette substance spirituelle qui préside à l'arrangement et à la direction harmonique de la substance matérielle, que dans le but d'expliquer l'inexplicable, on la représente comme existant par elle-même ou comme inhérente au déploiement des forces organisatrices

____

(1) *Constitution de la matière*. Revue des Deux-Mondes, juin 1873.

de l'univers, quels que soient son origine inconnue et le lien mystérieux de ses rapports avec la matière, sa priorité ou sa subséquence, n'est-elle pas l'intelligence, cette suprême supériorité dont nous n'avons conscience que par l'atôme qui en est en nous, et dont nous n'apprécions la puissance infinie que par l'usage que nous faisons du peu qui nous a été dévolu de cette vertu de l'essence extrême de la nature ?

Mais laissons de côté l'élément insubstantiel du monde, qui se révèle partout et dont nous sommes imprégnés, sans que nous sachions d'où cela nous vient, laissons la métaphysique et rentrons dans le domaine des choses sensibles, afin d'y suivre leur véritable évolution.

Dans le monde inorganique, tout commence spécifiquement par une première molécule ou noyau, s'amplifie et s'étend par la rencontre et le concours d'autres molécules similaires, qui se cohésionnent avec la molécule primitive, en vertu des lois de l'affinité chimique.

Dans le monde organique, tout commence individuellement, par un principe générateur ou vésicule élémentaire, paraissant participer, tout à la fois, de la matière et de l'esprit, et se développe par une évolution de croissance résultant de l'activité des propriétés de nutrition et d'absorption inhérentes à la substance combinée dont la vésicule est faite et par lesquelles cette substance puise, au dehors d'elle, et élabore intérieurement, l'aliment de ses fonctions vitales et de son extension.

Physiquement, les êtres organisés, ainsi que les corps bruts, sont des agglomérations moléculaires diversement combinées et différemment agencées ; mais les molécules inanimées qui forment les corps bruts sont étrangères les unes aux autres, quoi-qu'elles soient originaires du même milieu et qu'elles soient, le plus souvent, issues des mêmes substances, simples ou composées. Elles n'adhèrent ensemble que par un effet de la loi d'attraction, tandis que les molécules vivantes constitutives des corps organisés naissent les unes des autres et doivent leur union, comme leur existence, à l'accomplissement des fonc-tions de la vie organique.

D'où sortent les éléments de la matière brute ? D'où viennent les principes immédiats et même certains éléments secondaires, qui président à la composition de la substance organisée ? L'existence de ces principes et de ces éléments est-elle antérieure à la solidification du globe terrestre ? La masse fluide de la nébuleuse les renfermait-elle en totalité, ou bien n'en contenait-elle que quelques-uns, et, dans ce dernier cas, l'avénement successif des autres serait-il une simple conséquence de la condensation et de la modification moléculaire des gaz primitifs, qui, de transformation en transformation, auraient engendré tous les corps ?

Sur ces questions fondamentales, on ne sait que ce qu'en apprennent les inductions logiques tirées de la géologie, savoir :

Que, jusqu'à la formation du terrain neptunien, le

monde inorganique a puisé en lui-même tous les matériaux de ses compositions physico — chimiques ;
qu'à partir de l'instant où la vie se manifeste, la
nature inerte et la nature vivante dépendent l'une de
l'autre, s'empruntent et se restituent, tour à tour,
non pas, comme on le dit, des agents de métamorphoses, mais des éléments de progrès, puisque
chaque couche qui s'ajoute au sol par la lente action
du temps, ou par le fait d'une évolution subite, est
bien une nouvelle couche et non la transformation de
la couche qui l'a précédée, puisque encore chaque
espèce végétale ou animale qui survient a bien la
structure, les contours et les traits moraux d'un type
nouvellement créé, d'un type trop éloigné, sous
un rapport ou sous un autre, des types déjà parus,
pour que l'on puisse croire qu'elle est le produit de
la transmutation d'une autre espèce.

De sorte que la fixité de toutes choses, *en tant
qu'espèces*, est une vérité d'essence matérielle qui
s'étend à toute la nature, aussi bien aux produits de
la terre qu'aux produits des eaux, aux corps bruts
qu'aux corps organisés. Cette vérité est exprimée en
caractères très-visibles à l'œil, non-seulement dans
les strates géologiques, mais aussi dans les résultats
des échanges d'éléments de composition qui ont lieu,
d'une manière incessante, entre l'atmosphère, l'eau
et le sol.

Nos sens témoignent que les substances qui se
mêlent et se combinent acquièrent, de ces associations, des propriétés et des qualités variables, même

des changements de formes; mais nous cherchons vainement au milieu des effets divers du mélange des substances, dans les compositions de la nature inerte ou dans celles de la nature vivante, la preuve d'une modification du caractère originel de ces substances.

Par exemple, que le calcaire domine dans la formation d'une couche terrestre ou dans l'ossature des vertébrés, dans l'enveloppe des articulés, dans le manteau des mollusques ou des rayonnés, dans les tiges de beaucoup de végétaux, est-ce que cette matière, pour être ouvrée si différemment, cesse de conserver son identité?

Il n'y a donc que des yeux prévenus qui voient partout des traces de transformation, alors que la géologie s'aidant de la physique, de la chimie, de la biologie et de l'histoire naturelle, affirme l'immutabilité de toute combinaison spécifique, en nous montrant : 1° que la différence de formation minérale qui accentue chaque phase de l'évolution du sol n'est pas un phénomène transformateur dans le sens que la nouvelle école philosophique attache à ce mot; 2° que les rudiments de vie apparus dans les terrains primitifs se sont retrouvés, plus répandus, dans les terrains subséquents; 3° que les êtres, toujours plus complexes, venus, par la suite, se sont également propagés, à travers les âges du monde, sans que l'expansion d'une classe supérieure ait entraîné la disparition de la classe inférieure; 4° que l'extinction de certaines espèces ne peut être attribuée qu'à l'action des changements biologiques, puisqu'il

n'y a des traces de transformation, ni en avant, ni
en arrière, de ces espèces ; 5° que, enfin, les substances gazeuses, liquides ou solides, dont le règne
organique s'empare par la nutrition ou par l'absorption, et dont il compose et amplifie ses formes variées,
retournent réellement à leur source par la décomposition, la dissolution et la vaporisation, sans avoir
perdu leurs caractères d'éléments spécifiques.

La fixité de l'espèce déduite de l'interprétation des lois de la
nature. La doctrine de Cuvier ramenée à des termes scientifiques. La communauté d'origine, dans le groupe sériaire, ne
serait pas une preuve de la variabilité du type.

Nous ne songeons point à contester que la transformation eût pu sortir des lois naturelles, ainsi qu'en
est sortie la fixité de l'espèce, mais nous disons qu'il
n'a pu découler, de ces lois, que des conséquences
conformes aux prévisions d'un plan antérieur à l'origine de la vie, et que, selon l'évidence rencontrée
par toutes les recherches impartiales, du procédé
chimico-physiologique par lequel la nature a rendu
la matière organisable et l'a ensuite vivifiée sont nés,
non des accidents, c'est à dire des faits fortuits et
sans liaison entre eux, mais des faits sûrs, nécessaires,
inavortables et coordonnés.

Nous ajoutons que ce qui est évident doit être vrai,
par la raison qu'il n'est pas une seule des lois naturelles se traduisant en des effets physiques, qui ne
dévoile, nous ne dirons pas le secret de ses ressorts,

mais son mode d'agir et au moins quelques-uns des degrés qu'elle parcourt pour arriver au résultat final.

Il ne peut être inutile de rapprocher cette considération de la circonstance que, de l'aveu même des auteurs de la doctrine transformiste, l'action des causes de la transformation, hypothétiquement indiquée, ne se confirme par aucune preuve directe de la production des phénomènes qui prépareraient et consommeraient le changement radical d'une espèce en une autre. Qu'il y a loin de ces présomptions entourées de ténèbres, aux claires certitudes acquises en astronomie, en physique, en chimie et même en météorologie !

A la vérité, la permanence des espèces, basée sur l'apparition de types spontanément développés, n'est pas non plus compréhensible scientifiquement, toute chose, dans la nature vivante, passant par un premier âge qui a des phases diverses, sans compter la germination. Il y a là, c'est incontestable, des difficultés insolubles, si nous voulons les examiner à l'aide d'inductions rigoureusement tirées de la conduite et des résultats actuels des lois naturelles, et, toutefois, l'inévidence des moyens ne suffit pas pour faire nier la réalité des fins, lorsque celles-ci s'affirment par leur existence.

Assurément, la formation de la vésicule germinative, sa fécondation nécessaire, et généralement les phénomènes de la vie intra-utérine, ne peuvent guère se concevoir sans le milieu nutritif qui leur est fourni par l'utérus, et sans le contact d'éléments séminaux mâles qu'il ne contient pas. Mais en ce qui touche à l'origine et à la fin des choses, aux causes premières et aux causes finales, est-ce que la science ne rencontre pas partout des cas absolument irréductibles ?

Dans une question de cette nature, nous devons nous prémunir contre notre tendance à subir l'influence de ce que nous voyons et à le prendre pour terme de comparaison, dans notre recherche de ses rapports avec ce que nous ne voyons pas. Le monde ambiant, c'est-à-dire les conditions au milieu desquelles la vie déroule ses formes et ses fonctions, a changé bien des fois de face, depuis le peuplement de la planète. Si les derniers habitants de la terre ressemblent peu à ceux qu'elle avait eus premièrement, c'est, on ne le discute point, parce que le sol et l'atmosphère, d'où dépend l'hygiène universelle, n'ont pu se modifier sans imprimer des variations à l'essence même des éléments génésiaques.

Pour sûr, dans les temps où la force vitale se déployait ou en des formes qui n'ont pas duré, ou en des formes gigantesques qui ont été, par la suite, ramenées à des dimensions bien inférieures, les principes organisateurs, ces lois que l'on dit immuables, laissaient jaillir des conséquences, dont l'appréciation échappe à notre contrôle prévenu, exclusif, trop porté à juger par ce qui est sensible, de ce qui ne l'est pas.

C'est ainsi que la physiologie organicienne, spéciale

au transformisme, ne conçoit point la possibilité de la formation embryonnaire en dehors d'un utérus ou d'un oviducte maternel, et que, afin de rapporter des effets connus à des causes inconnues, elle rattache les suites de la vie à des précédents dont elles sont la plus formelle négation. C'est ainsi encore que, par amour de la nouveauté et faisant usage d'une logique à soi, habilement adaptée à des faits hypothétiques, on se complaît à croire que les lois fixes de la nature, plus faites pour produire l'infixité que la stabilité, n'ont pu, de leur premier jet, constituer les séries du règne organique.

Non vraiment, et aucun n'en doute parmi les personnes qui étudient ce grand problème dans le seul but de servir la science et de rendre hommage à la vérité, tout n'a pu venir à la fois, ni autrement que par la germination. Dans les eaux, d'abord, et, ensuite sur les continents, la création ou, si l'on préfère, par attachement au naturalisme, la germination, a dû avoir des phases et des degrés divers ; chaque apparition d'êtres différents, a dû, semble-t-il, suivre un complément ou un changement du régime biologique. L'opportunité de la venue des choses, dans la nature, est une des conditions de leur harmonie.

Mais, bien qu'il soit possible que les classes, les ordres, les genres et les espèces d'animaux et de plantes, soient nés successivement, ce n'est ni une raison de présumer que les derniers venus sont la postérité des premiers qui vinrent, ni un motif de penser que les uns ou les autres ont dû leur existence à un phénomène surnaturel.

La permanence des caractères spécifiques, nous l'avons déjà fait remarquer, ne s'explique pas moins bien et se comprend même mieux que la transformation, par l'œuvre libre des lois naturelles. C'est facile à voir.

Le transformisme, et avec lui la science où il prétend puiser ses inspirations, ne reconnaissent comme étant naturel, dans le domaine de la vie organisée, que ce qui a eu un commencement rudimentaire résultant d'une germination spontanée. Pour faire reposer sur le même principe l'opinon de Cuvier, il n'est besoin que de la ramener à des termes scientifiques, en la dépouillant du merveilleux qu'elle emprunte aux légendes bibliques, et en faisant remarquer, avec M. Papillon, que « les séparations, les hiérarchies, les harmonies, qui s'établissent dans l'ovule, pour constituer l'édifice de l'embryon, recèlent un principe de différenciation analogue à celui qui, de la masse confuse des énergies cosmiques, a fait sortir la variété infinie des spectacles actuels; que ce qui se passe dans l'ovule est une image réduite de ce qui se passe dans l'univers ; que les différenciations qui s'accomplissent, dans cette goutte muqueuse, sont une copie des différenciations qui se déploient et se déroulent dans l'océan du monde » (1).

Séparée de la dogmatique religieuse, la doctrine de

____

(1) *Constitution de la matière.* Revue des deux mondes, juin, 1875.

Cuvier acquiert la vraisemblance qui manque à la doctrine de M. Darwin. Autant celle-ci a les apparences contre elle, autant l'autre s'appuie de l'évidente simplicité des moyens, toujours directs, par lesquels la nature arrive aux résultats qu'elle veut atteindre.

On ne saurait admettre que les espèces ne varient pas, sans convenir en même temps, qu'elles doivent provenir d'un phénomène analogue à celui de la transmission de la vie, c'est-à-dire d'un phénomène unique, déterminatif de la vie germinale et la développant par une progression directe et rapide jusqu'au terme constitutif de l'individu spécifique. Ainsi conçue, la stabilité des types devient une notion acceptable par la science, puisqu'elle se renferme dans les conditions de début infinitésime et de développement graduel, que comporte le fait ordinaire de la nature.

Il est vrai que la cause déterminante du phénomène demeure ignorée et que l'on ne sait pas davantage comment elle a pu aboutir à ses effets ultérieurs, sans le secours d'organes maternels ; mais, encore une fois, le voile qui cache les causes premières, aux yeux des stabilistes, n'a pas été déchiré, que nous sachions, par les transformistes. Ceux-ci sont aussi impuissants que ceux-là à pénétrer le secret de la formation et de l'évolution des germes, par lesquels la vie s'est répandue spontanément, dans les eaux et sur le sol. Entre deux explications hypothéthiques, d'une même énigme, on n'hésite point à opter pour celle qui concorde le mieux avec les faits qu'elle veut mettre en lumière.

Les faits affirmatifs de l'inflexibilité de l'espèce abondent dans les lieux et dans le temps. On ne découvre, nulle part, des vestiges de transformation qui ne soient douteux au point de témoigner pour la stabilité plutôt que pour le mouvement. Et pourtant si la fixité n'était qu'une apparence et si la transformation n'était pas un rêve, cette dernière n'aurait pu projeter ses conséquences, dans le temps et dans les lieux, sans les joncher de nombreuses traces.

Dira-t-on, avec M. Darwin, que la durée des formes intermédiaires a été trop courte pour qu'elles aient pu marquer, dans la paléontologie, le passage d'un type à un autre ? L'argument ne vaudrait pas mieux que la commode allégation de l'extrême jeunesse de l'humanité, pour refuser d'admettre la constatation de l'invariabilité des types.

Dira-t-on aussi que la fixation, d'un seul coup, du caractère spécifique, est un phénomène d'une concrétion trop rapide pour que l'on cesse de le considérer comme surnaturel ? Nous répondrions que la première molécule embryonnaire est loin d'être l'équivalent surnaturel du nucléole complexe et hermaphrodite, d'où les monogénistes extraient, tout à la fois, la flore et la faune, ni des germes composés que les oligogénistes font diverger en plusieurs sens déterminés, ni même des germes sériaires de la polygénie.

Nous laissons volontiers prétendre que les inter—

médiaires, dont on ne trouve aucun vestige dans les documents paléontologiques, ont été trop passagers pour que la minéralisation en ait pu retenir des traces. Qu'importent les intermédiaires ? Ne sommes-nous pas avertis qu'ils ont dû nécessairement disparaître par le fait éliminateur de la sélection naturelle ? Mais ce à quoi nous devons tenir, avant de nous décider à reconnaître qu'une espèce provient d'une autre espèce, c'est que, à défaut des transitions successives de la métamorphose, on nous indique le point d'attache de l'espèce transformée avec l'avant dernier degré de l'évolution qu'elle a parcourue.

La preuve que nous demandons ne devrait pas être difficile à fournir, s'il était exact que la dernière variation organique eût la chance de survivre à celle qui l'a précédée. Néanmoins, on cherche vainement le lien immédiat qui rattacherait l'équus à l'hipparion, le bœuf au *bos primigenius*, l'homme au chimpanzé ou à tout autre dérivé du premier anthropoïde.

Nous sommes convaincu que le paléothérium, l'anchitérium, l'hipparion et l'équus sont des cousins venus à distance les uns des autres ; que l'éléphant d'Asie, l'éléphant d'Afrique, le mastodonte et peut-être le dinothérium sont également des membres collatéraux d'une même famille ; qu'il n'en est pas autrement du bœuf, du buffle, de l'aurochs, du bison, du trégonthérium ; que les singes anthropomorphes de nos jours sont les parents germains de leurs pareils des âges passés ; mais, encore une fois, ce dont nous ne sommes point du tout persuadé, c'est que le trans—

formisme puisse admettre logiquement la disparition des derniers descendants d'un même type quand les arrière-parents de ceux-ci n'ont pas eux-mêmes disparu. L'ancêtre et le dernier terme de sa lignée ne peuvent traverser, ensemble, plusieurs périodes géologiques, sans mettre en péril le principe de l'adaptation aux milieux par la variation organique.

Et puis, franchement, est-ce que la communauté d'origine, entre les genres qui par leur ressemblance morphologique et par la conformité de leurs mœurs, composent une même famille animale, impliquerait *a priori* nous ne dirons pas la nécessité, mais seulement la possibilité d'une gradation d'efforts transformateurs qui auraient agi, d'une manière successive, sur toute l'étendue de la chaîne organique, depuis l'être le plus simple jusqu'à l'être le plus compliqué ? Le fait ne laisse pas prévoir une telle conséquence, la communauté d'origine, dans le groupe sériaire, n'étant pas une preuve de la variabilité du type.

Et puis, encore, n'est-il pas superlativement étrange, alors que les effets de la variation des races sont partout fréquents et manifestes, dans les deux règnes, de venir dire que les effets de la transformation de l'espèce ne sont visibles, ni dans l'un, ni dans l'autre, parce qu'ils se cachent sous la lenteur du temps ? Le mouvement circonscrit, tout le monde pourrait le voir s'effectuer ; le mouvement général échapperait aux yeux de tout le monde, excepté, bien entendu, aux yeux préparés à le regarder faire !

Rapports continus et directs des causes avec leurs effets.
Puissance scientifique de la doctrine de la fixité de l'espèce.
Incertitude de l'immutabilité des lois naturelles.

Au surplus, dans toute cause naturelle, la conséquence est imminente et immédiate. Ceux-là le savent
qui font leur occupation de l'étude des lois de l'astronomie, de la physique ou de la chimie ; ils savent
que, dans l'architecture et dans l'économie du monde,
tout va, de la cause à l'effet, par la ligne droite.
Seuls les transformistes, présumant la scission et
l'atermoiement dans les conséquences des principes
organiques, croient voir la vie s'acheminer, vers ses
fins, par des bifurcations et des ricochets.

Comme s'ils ignoraient que, autour d'elle, tout se
renouvelle et se continue par le même procédé qui
l'a produit, ils ne se demandent pas si le phénomène
de la transmission de la vie ne serait pas l'image du
phénomène qui l'a émise, et, au lieu de fouiller ce
terrain probablement recéleur de la vérité qu'ils
cherchent, ils tournent et retournent dans les envi-
rons de cette proposition que le progrès moral et le
progrès physique des êtres vivants, relèvent d'un
nombre infini d'évolutions transformatrices, proposition que tout infirme dans les autres règnes de la
nature.

Connaît-on rien, en effet, soit dans les corps solides, soit dans les corps fluides, qui traverse plusieurs

formes pour arriver à son intégrité? Y a-t-il quoi que
ce soit, n'importe où, dans le monde inorganique,
qui ne se développe intégralement, molécule à molécule, par le seul effet de son évolution de croissance?

Et si c'est bien ainsi que se produisent les choses
dans la nature inerte, rien ne fait présumer qu'il en
soit autrement dans la nature animée. Au contraire,
en considérant que l'une a précédé l'autre et en est la
base, que les éléments matériels du règne organique
sont tous empruntés au règne inorganique, que l'a-
gencement divers de ces matériaux, dans l'organisation, est un phénomène analogue aux combinaisons
d'où procèdent les corps bruts, on est conduit à se
dire que les lois de la vie, les lois physiologiques,
issues des lois de la physique et de la chimie, n'ont
pas une évolution différente de l'évolution de ces
dernières. On se dit : puisque le principe de la matière brute se développe directement, il doit en être
également ainsi du germe de l'organisation.

En ce qui concerne les végétaux, les trois premiers embranchements et même la majeure partie du
quatrième embranchement du règne animal, c'est-à-
dire tous les êtres provenant de semences incubées
par les milieux extérieurs et qui sont aptes à vivre dès
la germination ou l'éclosion, l'idée de générations
spontanées qui auraient affranchi la vie des préludes
par lesquels elle passe dans la reproduction, ne soulève que des objections sans grande importance ;
mais, nous ne nous le dissimulons point, ces objec-

tions acquièrent une extrême gravité en présence du mode de développement de la composition organique chez les vertébrés vivipares ou ovovivipares et chez le plus grand nombre des oiseaux. Il est certainement incompréhensible que des espèces incapables de se nourrir, dès leur origine, ou dont la formation est l'œuvre d'une élaboration entièrement intra-utérine, soient venues de générations spontanées donnant naissance à des individus adultes, selon le récit de la Genèse. Mais quand nous savons que M. Wallace recourt à une *force supérieure* pour expliquer les suites inexplicables de la sélection sexuelle chez l'homme, nous nous demandons s'il serait plus étrange d'invoquer ici cette force ou plus naturellement des influences disparues.

Certes, nous ne croyons pas à une apparition subite des classes élevées de la zoologie ; mais comme, sous le rapport des caractères spécifiques, les animaux de nos jours sont tous semblables à d'autres animaux qui ont vécu dans les âges antérieurs du monde, nous nous demandons si ce n'est pas là un indice grave de la spontanéité de l'organisation à chacun de ses degrés. S'il n'est point vrai qu'un embranchement en ait engendré un autre, qu'une classe soit sortie d'une autre classe, une espèce supérieure d'une espèce inférieure, il faut bien que l'on se résigne bon gré malgré, à accepter l'antique et universelle notion de la venue des espèces par un procédé physico-chimique dont le secret est et sera toujours impénétrable. Discuter pour soutenir qu'une chose est autrement qu'on ne la voit, c'est parler pour rien.

La source des éléments de spécification, dans la nature vivante, est aussi cachée, aussi introuvable que le foyer des principes élémentaires, dans la nature inanimée. On ignore d'où viennent ces principes, comme on ignore si les expressions d'ordre moral que l'on appelle physiologiques, émanent uniquement de l'association des corps bruts, dans la composition animée. Ce que l'on sait seulement, c'est que l'existence du monde organique dépend, sauf l'énigme des phénomènes vitaux, de l'existence du monde inorganique ; que les corps simples ont des qualités propres ; qu'ils se combinent deux à deux, trois à trois, quatre à quatre, cinq à cinq, très-rarement au delà de cette dernière proportion, dans la formation des substances composées, et enfin que le germe des plus grands corps organisés se trouve dans un infiniment petit, tout comme le principe des plus grands corps inorganiques.

Et ce n'est pas seulement l'origine des parties distinctes de ces combinaisons qui est inconnue ; c'est aussi, même dans le monde brut, la cause de la direction d'après laquelle les atômes divers de la matière se groupent et se cohésionnent en corps différents les uns des autres, susceptibles de se dissoudre et d'entrer dans des combinaisons nouvelles, mais jamais de se transformer selon l'acception propre de ce verbe.

Ainsi, on ne saurait dire, pensons-nous, que le gneiss, le micacite et le taleschite, du terrain cambrien, sont des transformations des matières primitives ; que les divers grès, le schiste anthraciteux et le calcaire carbonifère, composant le terrain dévonien, dérivent, comme par voie de filiation, des calcaires qui dominent sur les schistes micacés dans la couche silurienne ; que le grès vosgien, le grès bigarré, le calcaire conchylien, dont s'est formé le trias, sont des métamorphoses du grès rouge, du grès houiller et du calcaire pénéen ; que, enfin, la première couche du tertiaire n'est qu'une modification métamorphique de la couche supérieure du secondaire, et ainsi de suite des étages géologiques subséquents, jusqu'aux terrains d'alluvion modernes. Il y a eu là des combinaisons successives et non des métamorphoses. Tout cela s'est formé par la progression directe que nous croyons être le seul mode d'évolution de toutes les choses de la nature, des germes de la création vivante comme des principes de la matière inerte. La science dont se prévalent les transformistes n'a rien constaté qui infirme cette opinion.

Dans tous les cas, en cette matière, la science est trop peu sûre de la rectitude de ses décisions, pour qu'elle puisse décréter que l'action des lois naturelles a dû faire jaillir des principes organiques, des germes de telle ou telle sorte. Des émissions de germes spécifiques ne sont pas moins probables que des poussées de germes comportant une suite de transformations.

Dès lors, c'est gratuitement que M. Broca a dit : « Ce qui fait par excellence la force du transformisme, c'est la faiblesse, je dirai même l'impuissance scientifique, de la doctrine avec laquelle il est en lutte. »

Celle des deux doctrines rivales qui se trouve réellement dans les voies et dans l'objet de la science, ce ne peut être celle-là dont les auteurs, ayant omis de remarquer la pleine et subite capacité de l'ouvrage naturel, à s'élever directement de ses préludes imperceptibles à la suprême grandeur, montrent la progression de la vie misérablement soumise à des temps d'arrêt, nous serions tenté de dire à des formalités d'antichambre, que les circonstances peuvent favoriser ou contrarier, prolonger ou abréger, faire durer indéfiniment.

La puissance scientifique n'est pas l'habileté à faire cadrer des faits incertains, inavérés, avec des principes ingénieusement supposés. La science ne compose pas avec l'illusion et se renferme dans une discrète réserve, plutôt que d'accréditer l'erreur.

M. de Quatrefages s'astreint à cette sage retenue lorsqu'il fait observer que « médiatement ou immédiatement, tout animal et tout végétal remonte à un père et à une mère (appareil mâle ou femelle), et que l'existence des sexes dont la nature inorganique ne présente pas même la trace, se montre comme un caractère distinctif des êtres organisés, comme une de ces lois primordiales imposées, dès l'origine des choses, et dont il faut renoncer à chercher la raison » (1).

On a beau vanter les services rendus à l'histoire naturelle par M. Darwin, il n'en est pas moins vrai qu'en cherchant, dans les causes, la variabilité qui

____

(1) *Transformations de l'homme et des animaux.*

est seulement dans les conséquences, ce brillant auteur d'une théorie régulière et très-goûtée, a pris l'élasticité de la race pour la déviation de l'espèce, et a ainsi égaré la science dans des détours qui ne peuvent conduire à la découverte des lois organiques.

Si le principe de la fixité des types ne laisse pas non plus pénétrer le secret de l'origine des êtres vivants, au moins a-t-il, sur le principe de la transformation naturelle, l'immense avantage de paraître vrai, non-seulement de nos jours, mais encore dans une notable partie des vestiges des temps antéhistoriques.

Quoique le *vrai ne soit pas toujours vraisemblable*, cependant ce qui est vraisemblable a plus de chances d'être vrai que ce qui est privé d'apparence de vérité. La permanence des espèces offre un caractère indéniable de vraisemblance. La présomption qu'elles se transforment aurait, au contraire, l'aspect d'une imposture, si nous ne la trouvions dans les écrits d'auteurs dont la bonne foi ne saurait être mise en doute. Pourquoi le vrai serait-il plutôt ici que là ?

Parce que la fixité de l'espèce fait pressentir la pensée et un plan dans la création, et que les esprits obstinés à ne pas voir l'intention préalable, dans l'avènement des choses, ne veulent point renoncer à l'espoir de saisir comment le hasard a procédé à l'institution des lois de la nature, comment, dans quel ordre et dans quelle diversité, la semence de la vie est tombée de ces lois.

Vaine espérance que celle qui n'est pas même

fondée sur une probabilité, car nous le redisons et nous l'établirons, dans la partie de cet ouvrage consacrée à prouver la fixité de l'espèce, rien, dans les phénomènes physiques de la force vitale, ne porte l'empreinte d'une action transformatrice enchevêtrant ses effets avec ceux de la loi de génération et avec ceux de la loi qui régit le développement individuel.

Du reste selon nous, aucune des deux doctrines opposées, n'est capable de mener à la découverte des conditions propres, spéciales et, par conséquent, passagères, d'où surgirent les foyers de germes spontanés.

Hérésie! va-t-on s'écrier, en invoquant, contre notre assertion, le principe de l'éternité et de l'immutabilité des lois naturelles. Pardon, ce principe, plus philosophique que scientifique, est évidemment trop absolu. Qu'à leur source, les causes fondamentales, organiques, soient éternelles et immuables, c'est possible; qu'elles le soient également dans leurs conséquences, nous le nions, parce que le contraire tombe sous les sens.

Des lois, issues les unes des autres, peuvent être éternelles dans leur principe; elles ne sont immuables, ni dans leur nombre, ni dans leur application nécessairement combinée et, partant, sujette à varier considérablement, de la nébuleuse à la concrétion planétaire et de celle-ci au monde habité.

Ainsi comprise, leur mutabilité se déduit de la différence des régimes biologiques que la planète a tra-

versés et notamment de la disparition des causes occasionnelles de la vie. C'est du moins notre opinion
que ces causes introuvables n'existent plus. Si elles
existaient encore, la perspicacité humaine les aurait
vues agir quelque part.

Vainement les a-t-on recherchées partout, dans
l'espace, dans le temps, chez les animaux, chez les
plantes, et jusque dans de subtiles opérations de laboratoire assidument poursuivies. On connaît, dans
leurs plus minutieux détails physiologiques, les phases
de la germination, de la vie embryonnaire et de la
vie fœtale. On ne sait rien du commencement de la
vie sans précédent.

Le transformisme en est d'autant plus faible et la
doctrine qu'il voudrait supplanter d'autant plus forte.
C'est, en effet, de ce côté-ci, et non de ce côté-là,
que la théorie fait naître des présomptions favorables.

Le type immuable n'a point à justifier de son origine : il est authentique par le seul effet de sa continuité. L'être mutable ne doit pas non plus, si l'on veut,
la révélation de la cause première d'où il provient ;
mais il est dépourvu d'authenticité et peut être pris
pour le type immuable, s'il ne se montre, dans son
caractère infixe, dès le commencement et à quelques-
uns des degrés de sa carrière évolutive.

TROISIÈME PARTIE

FIXITÉ
DE L'ESPÈCE

Permanence de la forme et du caractère spécifique, dans la
nature libre. Mobilité de la forme seulement, dans la nature
subjuguée.

Nous entrons dans le domaine de l'observation. Sur
ce terrain, tout frappe les yeux et ne laisse rien à
deviner, tout est positif.

Ce que l'on voit tout de suite, pour peu que l'on
soit familiarisé aux résultats de la science horticole
et à ceux de l'industrie d'élève, c'est la ligne de dé-
marcation qui, dans les deux règnes, sépare la nature
libre de la nature dominée, l'état sauvage de l'état
domestique ; c'est l'immobilité, non seulement dans
son caractère spécifique, mais encore dans sa forme
régionale, de tout ce qui vit dans les milieux où il
s'est naturellement produit, et c'est l'extrême facilité
à se différencier, dans ses apparences et dans son
tempérament, de tout ce qui est assoupli à la domesticité.

Rien, en effet, n'est constant comme la nature
laissée à elle même, rien n'est mobile comme la
nature contrainte et en quelque sorte dénaturée.

L'une ressemble si peu à l'autre, au moins sous le rapport évolutif, que l'on ne peut que se tromper en jugeant de celle-là par celle-ci.

Les transformistes s'abusent donc en cherchant des indices de la mutabilité des espèces sauvages, dans les incessantes modifications que subissent les animaux et les végétaux domestiques. Dans ces faits en dehors de la physiologie générale, dans ce curieux spectacle des variations qui s'opèrent journellement, sous nos yeux et à notre volonté, dans la population de nos bergeries ou de nos basses-cours, et parmi les espèces végétales qui sont la richesse de nos vergers ou l'ornement de nos parterres, il n'y a rien que puissent invoquer, au profit de leurs théories, ni les partisans de M. Darwin, ni ceux d'aucun autre chef de la nouvelle école. On ne doit y voir que ce qui s'y trouve en réalité, des preuves de l'influence auxiliaire réservée à l'homme dans l'émission des effets de quelques-uns des principes naturels.

C'est se contenter de peu que de voir des signes de transformation spécifique dans la différence de la main d'un rustaud à la main d'un gandin, dans les changements que le climat imprime à la taille, au poil ou à la laine des chevaux, des bœufs, des moutons, transportés d'Europe sous les tropiques et réciproquement, dans les modifications également corporelles qu'amène, chez les végétaux des déplacements qui, d'une manière favorable ou défavorable, changent les conditions de leur existence.

Le gandin peut bien présenter une grave modification du type rustaud, mais quelle que soit l'étendue de la modification, le type ne paraît véritablement atteint qu'extérieurement. Le mouton d'Europe, dont la laine s'est convertie en poil par l'effet de la température tropicale, ou le végétal qui, par une cause analogue, a transformé ses feuilles plates en feuilles frisées, multiplié les pétales de ses fleurs, amoindri ou augmenté sa fructification, ne paraissent pas non plus affectés dans leur individualité spécifique.

On n'est pas davantage difficile, sur la valeur des preuves, lorsque l'on cite, comme exemples de transformation intime, le développement que les facultés mentales acquièrent de l'éducation, chez les animaux domestiques et chez l'homme, l'effacement de l'instinct maternel, chez la poule et chez l'oie, qui assure-t-on, perdraient l'habitude de couver, en Egypte, où l'on fait éclore leur œufs artificiellement.

L'influence de l'éducation est un fait trop nouveau pour que le transformisme puisse légitimement l'invoquer. Quand à l'insouciance maternelle imputée aux oies et aux poules égyptiennes, nous devons penser que M. Zimmermann, dont le dire est répété par M. Paul de Jouvencel, aura fait un accueil trop facile à des propos calomnieux pour ces animaux, car, durant le séjour de deux années que nous avons fait dans la Haute-Egypte, nous avons remarqué que l'usage de la couveuse artificielle n'y est point exclusif du mode naturel d'incubation, et que les poules de cette contrée, ainsi d'ailleurs que toutes les poules africaines, couvent plus fréquemment que celles d'Europe.

Le plus sûr moyen d'apprécier la valeur d'une théorie des lois de la nature, est de vérifier s'il n'en sort pas des conséquences allant droit à l'encontre des faits constatés par l'observation. Eh bien, il n'est pas de fait plus certain que celui de l'immobilité de la nature vivante, depuis les plus anciens jours connus.

Les êtres organisés de l'époque actuelle ne diffèrent point de ceux qu'ont vu les Romains, les Grecs, les Hébreux, les Egyptiens, les Assyriens, et trouvent leurs analogues spécifiques, sinon leur parfaite ressemblance, parmi le plus grand nombre des organismes qui existaient avant l'avènement de l'âge nouveau. L'histoire et la paléontologie s'accordent pour rejeter aussi bien les spontanéités accidentelles de la transformation brusque, que les dérivations méthodiquement graduées de la transformation lente.

Sans contredit, les formes ne demeureraient pas aussi longtemps stationnaires s'il était réel qu'une tendance innée à la déviation entraînât les espèces à dériver les unes des autres. Ainsi que nous l'avons fait observer, dans la discussion générale, ou le mouvement n'existe pas, ou s'il existe, il doit se montrer dans la mesure de l'activité des agents qui le provoquent. Le mélange des races et des tempéraments par la génération, a des effets si rapides, dans la nature dominée, qu'il n'est pas admissible qu'il agisse lentement dans la nature libre, et, puisque quelques générations suffisent, à la sélection artificielle, pour modifier assez considérablement la forme d'un animal ou d'un végétal, on ne peut raisonnablement supposer que les conséquences de la sélection naturelle se font attendre, ou passent inaperçues, pendant des centaines et des milliers de siècles. S'il était vrai que l'espèce changeât, nous devrions en voir varier les traits moraux en même temps et dans la même proportion que les traits physiques.

Pour nous faire comprendre, citons un exemple. Un coq, né sans queue, devient l'étalon d'un groupe de poules au plumage ordinaire. De l'union de ce coq avec une ou plusieurs de ces poules, naissent des produits mâles et des produits femelles dépourvus du plumet caudal. Ces nouveaux venus sont séparés des autres et, de leur isolement, sort une race de poules sans queue. La modification extérieure est très-apparente. A-t-elle été suivie d'une modification intérieure ? On ne l'affirmera pas. Ce qui est seulement certain, c'est que les soins de l'éleveur et la sélection artificielle, viennent de produire une nouvelle race de poules, qui diffère des autres races par une singularité tégumentaire.

Mais si la sélection artificielle est un fait, la sélection naturelle dans le sens évolutif que lui donnent la plupart des transformistes, n'est qu'une illusion. Pour sûr, la nature sauvage est plus résistante qu'entraînée au mouvement qu'on lui attribue. L'instinct auquel elle obéit, dans la procréation, n'a rien de commun avec les pratiques qui amènent la sélection artificielle. Présumer le contraire, c'est rêver le désordre et la confusion dans cet empire organique si merveilleusement assorti. Que l'on se fasse une idée de

l'instabilité et du trouble que jetterait, au milieu de
cette harmonie, une multiplication sans frein spécifique, et du fouillis qui surgirait, au sein des eaux et
dans les champs, des égarements de la fécondation
extérieure. Y a-t-il rien de pareil sur les continents
ou dans les mers ?

Loin de là, l'expérience de quarante à cinquante
siècles, pour ne pas dire plus, témoigne de la stabilité universelle dans l'ordre, de l'invariabilité des lois
de la nature. Partout, même au sein des eaux, où,
prétend-on, le monde organique s'est ébauché et d'où
seraient venues l'évolution et la dérivation, qui auraient couvert la surface de la terre de tant d'animaux et de végétaux divers, rien, pas plus à la connaissance de nos aïeux les plus reculés, qu'à la
nôtre, ne s'est renouvelé sans rester dans son type
primordial.

Cela paraît être ainsi, aussi bien pour les choses
que la création a le plus multipliées que pour celles
qu'elle a le moins répandues. On peut même affirmer,
à l'aide de l'archéologie et de l'histoire, que le temps
n'a apporté aucun changement dans le rapport qui
semble avoir existé, dès le principe, entre les espèces
rares et celles qui abondent. En effet, depuis
qu'il a conscience de lui-même, l'homme ne trouve,
dans ce qu'il voit, aucune raison de nier l'immutabilité de quoi que ce soit du monde tangible. Les
récoltes de la vallée du Nil sont encore les mêmes
qu'au temps des Pharaons, et le même coléoptère qui
les détruisait alors n'a pas cessé de les ravager au-

jourd'hui. Le crocodile n'a pas disparu des eaux de
ce fleuve. L'Afrique n'a pas été dépossédée de ses
palmiers, ni le Liban de ses antiques forêts de coni-
fères. Le scare, ce beau labroïde dont la chair savoureuse était si estimée des Grecs, est toujours l'hôte
des fonds rocheux de la mer Egée. Le murex, dont
les anciens tiraient la pourpre, est encore l'un des
plus abondants mollusques de la Méditerranée, et
cette mer fréquentée, dès l'origine de la civilisation,
ne s'est ni enrichie, ni appauvrie d'une seule espèce de
poisson. Partout, enfin, la vie s'est maintenue sous
les aspects qu'elle avait dès le commencement de la
période historique.

A ces raisons que Cuvier mit en avant, dans sa
célèbre dispute avec Étienne Geoffroy Saint-Hilaire,
on oppose en vain des arguments tirés de l'immobilité
des milieux depuis l'avénement de la civilisation,
ou puisés dans la brièveté du temps sur lequel
porte la comparaison des animaux et des plantes de
l'Égypte ancienne, à la faune et à la flore de l'Égypte
moderne.

L'homme ne délaisse pas une contrée ou n'y étend
pas ses industrieux envahissements, sans qu'il y en
résulte une modification des milieux. L'Égypte pha-
raonique, toute pleine d'une population policée, agricole, artistique et très-active, était indubitablement
bien différente de l'Égypte musulmane, peuplée d'un
petit nombre d'habitants presque barbares, qui ont
laissé monter le désert sur un sol autrefois couvert
de cités prospères et de luxuriantes moissons.

Croit-on que les milieux ne se soient point modifiés, dans la Germanie et dans les Gaules, depuis que les générations humaines s'agglomèrent et se pressent, de plus en plus, sur la superficie de ces régions, d'où elles ont chassé la nature sauvage (1) ?

Assurément, on ne pourrait, de bonne foi, contester ce qui est partout évident, à savoir que la science agricole, par ses défrichements et ses irrigations, par ses cultures variées ou uniformes, par ses refoulements et ses concentrations animales ou végétales, influe, d'une manière sensible, non-seulement sur les circonstances atmosphériques, mais encore sur l'état biologique en général. L'action de l'homme, tout à la fois féconde et destructive, apporte peut-être plus de changement, dans les causes ambiantes, que ne le ferait une révolution convulsive du globe. Si ce n'est assez pour maintenir à l'œuvre les agents, quels qu'ils soient, de la transformation, les doctrinaires de la nouvelle école ont grand tort de nier les cataclysmes.

Et quand l'homme historique s'est lui-même si profondément transformé, au moral, qu'il paraît n'avoir qu'une similitude physique avec l'homme antéhistorique, que parle-t-on de la nécessité de remonter plus haut que lui pour s'assurer s'il est vrai que la

(1) Demandez, à M. Blanchard, combien d'espèces d'animaux ont disparu de l'Europe méridionale, depuis l'invasion des Romains dans les Gaules, et combien il en est que l'on ne retrouve pas parmi celles qui faisaient naguère la richesse zoologique de certaines îles d'Amérique, quoique l'occupation de ces terres soit un fait encore nouveau.

sélection naturelle et la tendance à la déviation, ont
disposé d'une période de temps suffisante à la manifestation de leurs effets ?

Arguments paléontologiques contre le transformisme. Distance
séparant les embranchements, les classes et les ordres.
Différences de taille entre les classes, les ordres et les
genres. Espèces fossiles et espèces vivantes comparées sous
le rapport des mœurs. Difficulté de les rapprocher au point
de vue physiologique.

Ainsi, ni la supposition de la stabilité des milieux
ultérieurement à l'époque quaternaire, ni l'allégation
que l'existence de l'humanité, consciente de ses faits,
se renferme dans une période relativement peu étendue, n'ébranlent la doctrine de la fixité de l'espèce,
au moins en ce qui concerne l'âge actuel. Ces arguments seraient-ils plus sérieux, auraient-ils une soli-
dité réelle en ce qui se rapporte aux âges antérieurs,
et la paléontologie offre-t-elle des traces qui ne soient
pas douteuses des métamorphoses que l'on attribue à
l'action de prétendues influences transformatrices ou
à la sélection naturelle, celle-ci et celles-là soutenues
par la concomitance de l'hérédité ?

Non, la paléontologie se refuse à fournir les preuves
qu'on lui demande au nom du transformisme, à indiquer, fût-ce une fois seulement, le protogenre et le
post-genre. Elle exhibe la taille gigantesque, la massi-
veté ou la bizarrerie, de certaines espèces ou de certains genres d'animaux qui n'existent plus, mais elle

n'en indique ni les ascendants approximatifs, ni les descendants directs.

Par exemple, elle ne dit pas et ne laisse même pas présumer, quelles ont été l'origine et la lignée dérivatives des grands sauriens répudiés dès la troisième époque, ni de ces tortues à la carapace deux ou trois fois grande comme celle des plus grosses tortues de nos jours, ni du ptérodactyle, cet énorme dragon volant d'une structure semblable à celle de la chauvesouris, ni du mégalonix, sorte de paresseux dont la taille dépassait celle du bœuf, ni du mégathérium, ce pachyderme couvert d'une cuirasse d'écailles cornées, ni de l'épiornis, ce phénoménal oiseau dont l'œuf ne contenait pas moins de huit litres, ni du lourd et puissant dinothérium, de ces salamandres qui mesuraient deux mètres, du cheval tridactyle avec lequel notre solipède n'a qu'une ressemblance très-éloignée quant à la forme, de ces tapirs auprès desquels le tapir américain n'est qu'une petite bête, du mylon robustus, du syvathérium, de ces éléphants qui portaient leur tête à six ou sept mètres de hauteur, de ces chats grands comme le tigre, du lion et de l'ours des cavernes, de ces cerfs qui portaient sur leur tête comme des arbres, ni enfin de tant d'autres étranges échantillons du règne animal, durant les premiers âges de la planète habitée.

La paléontologie compare les formes disparues à celles qui sont restées ou venues après les premières, mais elle ne nous apprend pas comment les causes ambiantes ou la sélection naturelle, unie à l'hérédité, ont pu, tantôt détruire, tantôt conserver ou rénover ; comment, alors que leur effet ordinaire, d'après ce que l'on suppose, serait de transmettre la vigueur physique, les avantages organiques acquis dans la lutte pour l'existence, ces causes auraient préservé les plus faibles organismes et rejeté les plus forts. Si elle fait remarquer la conformité typique qui rattache à des genres éteints beaucoup de genres nouveaux, elle ne peut cacher cependant, que ceux-ci s'écartent trop rapidement de ceux-là, ne fût-ce que par la taille, ou par certains appendices, pour laisser concevoir la pensée qu'ils descendent directement les uns des autres.

Enfin, en groupant les espèces et les genres selon leurs divisions géologiques, la paléontologie met en évidence l'impossibilité de classer généalogiquement des formes qui ne se sont pas produites dans l'ordre successif que comporte inévitablement un système de transformation allant de l'organisme le plus élémentaire à l'organisme pré-excellent, de la feuille d'algue au géant des forêts et de l'infusoire à l'homme.

Mais qu'aurions-nous besoin de consulter la paléontologie, sur une question dont l'histoire naturelle possède tous les éléments ? Poursuivons néanmoins.

Comme si la paléontologie était réellement explicite contre la fixité de l'espèce, comme s'il était possible de déduire, de cette science, la moindre conclusion en faveur du transformisme, on écrira, sans hésiter, qu'elle nous fait voir la vie se développant sous la forme d'un arbre immense qui aurait les êtres les plus simples à sa racine et dont les divers et innombrables rameaux se différencient, divergent, se rapprochent, divergent de nouveau, se croisent sans cesse, en tous sens, les uns se perfectionnant, montant sans repos vers le ciel, tandis que d'autres se courbent, vers le sol, pour y rester toujours ou pour relever ensuite quelques-unes de leurs tiges. Et poursuivant, avec complaisance, une métaphore qui dépeint sous de faux traits la réalité dont elle veut être l'image, on aura la prétention de distinguer, dans le dédale des ramifications de l'arbre immense, entrevu par une imagination surexcitée, les branches qui se divisent à l'infini, comme celles qui n'ont poussé que quelques rameaux, les tiges parties près de la souche et qui ont péri entièrement après s'être élevées avec une incroyable vigueur, celles qui ont survécu aux autres sans progresser, et enfin les rameaux qui n'ont conservé que quelques feuilles à leur sommet.

C'est de la réthorique perdue, car elle n'apprend rien à personne : après comme avant cette explication généalogique, on demeure dans l'impuissance de saisir aucune transition, non-seulement entre les divers embranchements, mais aussi entre les différents ordres et les différentes classes d'un même embranchement ; on ne cesse point d'ignorer pourquoi il y a du zoophyte dans le mollusque, du mollusque dans l'articulé et le vertébré ; on ne sait

comment remplir les lacunes qui existent entre les
degrés de la vie, ne considérât-on le travail organique
que dans une seule de ses divisions ; on se demande,
sans pouvoir se faire la moindre réponse satisfaisante,
comment la population du sol a pu sortir de la population des eaux.

Évidemment, il n'y a pas là, ainsi qu'on le dit, un
seul arbre, une seule généalogie, il y a là, dirons-
nous, pour donner, à la métaphore, l'exactitude dont
elle est privée, il y a autant d'arbres, autant de gé-
néalogies que l'on compte de tiges sans attache à aucun tronc, c'est-à-dire de groupes d'animaux ou de
plantes composés de genres qui convergent, chacun
dans son groupe, vers la même souche spécifique.

Par exemple, dans le règne animal, quoique les
zoophytes, les mollusques, les articulés, les poissons,
les batraciens, les reptiles, les oiseaux, et les mammifères représentent, selon les indications paléontologiques, autant de manifestations successives de la
vie, aucun de ces groupes multiples n'est organiquement assez près d'un autre pour que l'on
puisse supposer qu'il en dérive, et, dans le groupe,
il n'est pas deux ordres, ni deux familles, assez juxta-
posés, sous le double rapport de la forme et des
mœurs, pour que l'on puisse s'arrêter longtemps à
l'idée d'une origine commune à toutes les classes et
à tous les ordres d'un même embranchement.

M. Roujou, à qui appartient, après M. Darwin, l'élé-
gante fiction de l'arbre généalogique de la vie, et qui
a voulu tracer les tours et les détours de l'un des

rameaux de cet arbre, pour démontrer que l'homme
se rattache, par un grand nombre de caractères, à
un très-ancien type de mammifères, aux dépens du-
quel il se serait formé à l'époque tertiaire et peut-être
avant cette époque (1), a-t-il réussi à jeter le moindre
doute sur la permanence de l'espèce ?

Non assurément, parce que, dans sa comparaison
rétrospective des organes humains aux organes des
autres classes de mammifères, il est beaucoup trop
souvent obligé d'expliquer par l'exception, par l'influence atavique, par la régression ou par la dégradation, les cas irréductibles que soulève l'examen de
son hypothèse. Cela ressemble à un effort purement
inventif imité de la facilité dont M. Haeckel a donné
l'exemple dans la construction d'une généalogie générale du règne animal avec le secours d'hypothèses de
remplissage.

Voyez combien, d'après l'illustre professeur allemand, la transformation se déduit avec certitude de
la ressemblance des caractères chez les formes qui se
succèdent dans la composition du tronc généalogique
particulier à l'homme. Pendant la période diluvienne,
le monère, notre premier ancêtre, passe de la forme
du ver à celle de l'amphioxus, rudiment de la forme
vertébrée. Pendant la période dévonienne, les organes
de l'homme, jusque-là aquatiques, puisqu'il n'était
encore qu'un poisson, se sont adaptés à la vie terrestre, notamment par la transformation de la vessie

(1) *Types primitifs des mammifères*, Bulletin de la Société d'anthropologie, tome 7.

natatoire en poumon, comme chez le lépisodiren. A
la période houillère, il était un amphibie semblable au
protée ou à l'axolotl. A la période permienne, il est
reptile comme la salamandre ou le triton. Rendu
là, il est un peu perdu de vue ; mais M. Haeckel
pense que, vers la fin de la période permienne, il a
dû exister sous une forme dont la structure se déduit
de la nécessité d'expliquer les caractères communs
aux reptiles, aux oiseaux et aux mammifères, et que
de cette forme hypothétique a dû sortir, à l'époque
triasique, une autre forme également hypothétique
sans bec, mais ayant un système dentaire complet.
Après une station dans ces formes inconnues, l'homme
arrive à être un marsupial vers la fin du secondaire.
Au commencement de l'âge tertiaire, apparaissent les
premiers singes à queue. Nécessairement l'homme
est encore pourvu de cet appendice ; mais il le perd
dans la période miocène, à la venue des singes anthropoïdes. Ici encore M. Haeckel se trouve un peu
dérouté. Les anthropoïdes marchent à quatre pattes
et ne parlent pas. Comment relier à ces animaux
l'homme qui parle avec tant de facilité et qui marche
sur deux pieds seulement ? Un professeur d'anatomie
allemand ne saurait être embarrassé pour si peu.
« Après les anthropoïdes, dira M. Haeckel, a dû venir
l'homme-singe qui ne possédait pas encore la faculté
ni les organes de la parole, mais qui avait l'habitude
de se tenir debout. C'est de lui que l'homme est sorti
au commencement de l'époque diluvienne. A la vérité,
on ne connaît aucun reste fossile de cet homme-singe ;

mais cela importe peu ; il a nécessairement existé et je puis le dépeindre au physique et au moral, quoique je ne l'aie jamais vu. Il devait être très-dolichocéphale et prognathe ; il devait avoir la chevelure très-laineuse, la peau d'une couleur foncée, brunâtre ou noirâtre, le corps plus poilu que celui des races humaines actuelles, les bras proportionnellement plus longs et plus forts, les jambes plus courtes et plus grêles, dépourvues de mollets, la démarche demi-droite, les genoux fortement rentrés en dedans. »

N'est-ce pas qu'à la faveur de suppositions habilement ajustées à quelques coïncidences réelles, on peut opposer le blanc au noir et faire croire que c'est le caractère du noir de se présenter sous la couleur du blanc ?

Bien que, au point de vue général de l'organisation, les êtres vivants aient une structure commune, composée de parties solides qui assurent la forme de ces êtres et de parties liquides qui y entretiennent le mouvement vital, il est toutefois incontestable que, sous le rapport particulier à chaque règne, et, dans les règnes, à chaque division spécifique, ils présentent des différences tellement tranchées qu'il est impossible, en y regardant avec un peu d'attention, de ne pas reconnaître que, malgré l'identité de leurs éléments organiques et la conformité d'une partie plus ou moins considérable de leur modelé externe ou interne, de leur système nerveux, de leur système musculaire, de leur système épithélial, etc., ils procèdent de l'exécution de plans divers.

En effet, pour être composés de principes organiques communs, la nageoire du poisson, la patte du quadrupède et le bras de l'homme, ne sont pas moins des membres absolument différents, par les usages auxquels ils sont propres, si ce n'est par leur éloignement de l'unité de plan anatomique.

Pour produire ces distinctions spéciales, la nature, il est vrai, n'a eu qu'à grouper entre elles, selon des proportions variées, les substances communes qui composent la nageoire du poisson, la patte du quadrupède, le bras de l'homme ; mais ce n'est pas à dire que ces organes, d'ailleurs peu semblables par le modelé, soient issus d'un même plan. Il est plus naturel de penser que l'identité d'éléments est, pour la nature, ce qu'est pour le peintre le mélange des couleurs sur une même palette, ou, pour le grammairien, l'infinie variété d'expressions qu'il fait surgir de la combinaison du petit nombre de lettres de l'alphabet.

Et quand les enthousiastes de la doctrine darwinienne assurent que le hasard est incapable d'avoir réuni, dans les divers embranchements, tant de systèmes semblables, nous affirmons avec eux que le hasard n'est pour rien dans les coïncidences organiques qui rapprochent les articulés des vertébrés, les zoophytes des mollusques.

Autant que la raison peut en juger — on ne peut invoquer ici que le jugement de la raison — une combinaison expresse a pu seule faire sortir du fond commun de l'unité organique, ces vastes ressources de différenciation qui frappent, dans les deux règnes

vivants, cette multitude de modifications de la structure des organes, qui constituent autant de modes
divers des fonctions par lesquelles la vie pourvoit à
ses nécessités.

Et quand les mêmes esprits, nonobstant la profondeur de l'abîme qui sépare les zoophytes des mollusques, les articulés des vertébrés et, dans chacun
de ces embranchements, une classe d'êtres d'une
autre classe, insinuent, par haine de la combinaison
expresse, que toutes ces différences n'ont qu'une
seule et même filiation, qui aurait commencé, par
voie d'hétérogenèse, aux protozoaires inférieurs, assi-
milables à de simples cellules, nous sommes étonné
qu'ils ne voient pas combien il y a nécessairement de
la prévision dans le phénomène hétérogénique par
lequel la matière se serait organisée en êtres dépourvus de progéniteurs.

Évidemment, quelque favorables qu'aient pu être à
l'apparition de la vie les conditions biologiques de la
première époque, le fait de génération spontanée,
donnant naissance à un être individuellement transmissible, est plus facilement concevable, parce qu'il
suppose moins de complexité, moins de combinaison
organique, que l'acte de même nature fondant la faune
et la flore sur la base d'une sarcode évolutive et trans-
formable.

N'est-ce pas que le transformisme, non moins que
la doctrine de Cuvier, impose, à vos regrets, l'obliga-
tion de croire à une cause intelligente, préméditée,
prévoyante ? Vous ne seriez pas allégé de ce lourd

fardeau moral, alors même que vous vous persuade-
riez, avec Spinoza, que les splendeurs de l'harmonie
universelle, cette sublime convergence de toutes
choses vers un même but, se sont dégagées d'une
substance unique, sous l'action de lois préétablies.
Vous n'oseriez pas soutenir que la matière est la
source de ces lois, qu'elle a elle-même produit les
règles auxquelles elle obéit.

Bah ! où s'arrête, aujourd'hui, l'audace de l'esprit
matérialiste, lancé à la recherche de l'introuvable ?
Dans un ouvrage qui a le mérite d'être bien écrit et,
peut-être, la prétention d'être bien pensé, nous
lisons : « Dans tous les cas où l'on bavarde de prévoyance admirable, c'est parce que l'on ne sait pas
démêler et reconnaître le caractère de *nécessité*, de
conséquence inévitable, qui ôte tout l'admirable d'une
prétendue prévoyance qui n'existe pas.... La multitude des vivants, telle qu'elle est, se présente à nous,
non comme l'exécution d'un plan suivi rationnelle-
ment, mais comme un résultat historique, c'est-à-dire
le résultat continuellement modifié d'une multitude de
causes qui ont agi successivement et où chaque accident, chaque irrégularité, représente l'action d'une
cause. Le plan — dans le sens que donnent ici à cette
expression ceux qui l'emploient — le plan n'existe
pas ; *ce n'est qu'une apparence.* Les forces agissent
nécessairement, aveuglément, et de leur concours
résultent les êtres (1). »

Sérieusement, ce système de forces aveugles,

(1) *La vie*, par M. Paul de Jouvencel, page 533.

agissant concurremment et sans direction, pour produire des résultats concordants, nécessaires, inévitables, est-il de nature à procurer la moindre satisfaction à un esprit élevé, appartient-il à la science et
n'est-il pas répudié par la philosophie ? Passons ; il
serait inutile d'agiter davantage un problème insoluble. Le débat ne sera jamais clos entre ceux qui
expliquent toutes les productions de la nature par les
propriétés inhérentes à la matière et ceux qui ne
voient, dans ces phénomènes, que les expressions
d'une pensée infinie, les effets de combinaisons intel-
ligentes où la matière n'est que moyen.

Si, selon qu'on le prétend, la série zoologique est
unique et progressive, cela doit se faire apercevoir à
la continuité de l'ascension commencée au monère et
terminée à l'homme.

Il est vrai que les zoophytes, les mollusques, les
annelés et les vertébrés se ressemblent tellement, au
moins par les organes de la nutrition, que à rapprocher, sous ce seul rapport, les quatre grands embranchements de la faune, on serait entraîné à penser que
le second est le perfectionnement du premier, le troisième du second, et le dernier des trois précédents ;
mais l'étude de leur structure interne, de leurs formes
extérieures, de leur système osseux, de leur régime
nutritif et principalement de leurs caractères physiologiques, fait ressortir que chacune de ces divisions
constitue une section distincte, spéciale, séparée des
autres par des différences considérables ou par des
lacunes que ne peut combler la découverte de pré-

tendues formes de passage d'une classe inférieure à une classe supérieure.

De deux choses l'une, ou les types généraux sont indépendants les uns des autres, ou bien ils doivent se relier, se raccorder, dans le développement de la série générale. Or, leur indépendance frappe partout, chez les espèces fossiles comme chez les espèces vivantes. Au grand désespoir des transformistes, les types généraux ne se raccordent par aucune de leurs extrémités. Il y a entre elles, aussi bien en deçà qu'au delà, un intervalle vide et comme un infranchissable fossé.

Ce grand fait s'élève bien au dessus des détails pour infliger, à la théorie de la transformation graduelle, le démenti qu'elle mérite. Évidemment on ne saurait admettre comme choses concordantes, l'infinie diversification des types et leur séparation par des espaces libres.

Vainement, dans le but d'échapper au démenti, essaie-t-on de remplir ces intervalles par des créations ambigues, sans place marquée dans la série animale. *L'eozon canadense*, cette apparence organique que l'on avait prise, d'abord, pour le premier habitant de la couche primitive de la terre, la colonne vertébrale dont les larves des ascidies sont pourvues à leur naissance, *l'amphioxus*, ce petit animal sans cerveau, ni colonne vertébrale, mais qui a une moële épinière, le *labyrinthodon*, uniquement connu par les traces que les pattes de cet amphibie ont laissées sur le sable éocène, *l'archæopterix* dont les plumes caudales étaient attachées à une queue de reptile, l'*ornithorinque*, l'*échidné* et toutes les singularités du même genre, que l'on invoque pour affirmer la mobilité de l'espèce, n'offrent rien de positif, absolument rien, qui affaiblisse l'énergique témoignage de la permanence du caractère spécifique, témoignage résidant en ce qu'il n'est pas une seule classe de vertébrés que l'on puisse réunir, même avec le secours des fossiles, à une autre classe de ce type général.

Nous ne sachons pas qu'il ait été donné une explication scientifique, ni même une raison plausible, de l'inertie de la transformation, non-seulement entre les classes, mais encore entre les espèces, et quelquefois entre les genres. Pourquoi tant de solutions de continuité, tant de lacunes, tant de vides si profonds, ou plutôt de barrières régulièrement placées, dans l'œuvre de diversification qui aurait extrait tous les êtres d'un seul et même type modifié à l'infini ?

Il serait peu sérieux de répondre à cette interrogation sérieuse, en arguant de l'insuffisance des découvertes paléontologiques. Bonne pour justifier l'absence d'intermédiaires entre les genres, cette raison serait puérile si elle était mise en avant pour expliquer les interruptions plus graves, les distances qui éloignent, avec une régularité au moins étonnante, les ordres des ordres, les classes des classes.

Véritablement, les quatre divisions principales de la faune étaient déjà, en grande partie, représentées, à l'issue de l'époque secondaire, et, à la faveur des épaisses ténèbres qui enveloppent cette période presque autant que la précédente, il n'est pas difficile de soutenir l'hypothèse de la transformation, en se basant sur le rapprochement organique qui semble relier un embranchement à l'autre, du premier au dernier, sauf les points de passage que l'on ne trouve pas, mais que l'on peut imaginer. Quelque lenteur que l'on attribue à l'action des prétendues influences transformatrices, comme la durée des deux premiers âges de la terre a dû être d'une incommensurable longueur, on ne saurait opposer à l'hypothèse l'allégation que le temps a fait défaut à l'évolution, pour conduire le monère à la forme du poisson cartilagineux ou du reptile, et même à la forme de la chauve-souris ou du marsupial.

Mais cette doctrine cesse de se trouver sur le terrain avantageux aux suppositions fantaisistes, devant la multiplicité des apparitions spécifiques, toujours plus élevées, qui se produisent, semble-t-il, simultanément ou dans un ordre de succession bref, pendant la première moitié de la période tertiaire. Ici la lenteur des métamorphoses n'est plus d'aucun secours à l'argumentation ; il faudrait, au contraire, pouvoir l'appuyer de la rapidité évolutive et démontrer l'enchaînement de transformations promptes par lesquelles se seraient formées, dans un espace de temps relativement court, les divisions supérieures de la zoologie.

Nous ne demandons pas que l'on indique comment les mammifères et les oiseaux se rattachent aux batraciens et aux reptiles ; il est convenu que le temps a détruit les preuves de cette filiation ; mais nous demandons s'il est établi que les divers ordres de mammifères et d'oiseaux qui se sont constitués contemporainement ou successivement, dans les premiers étages du tertiaire, se ressemblent et s'embranchent de telle manière, non pas tous, mais seulement deux d'entre eux, que l'on puisse affirmer qu'ils proviennent l'un de l'autre ?

Quelque part que nous cherchions cette autre preuve, nous devrions dire cette justification nécessaire du soupçon transformiste, nous ne la trouvons pas ; nous ne trouvons que des esprits occupés à la poursuivre inutilement et à retourner sans plus de succès, dans tous les sens, cette proposition interrogative : comment la nature aurait-t-elle pu, sans avoir recours à la transformation, faire surgir, de l'unité organique, tant de principes divers et de conséquences opposées, la vie aquatique et la vie terrestre, avec leur simplicité ou leur complexité graduées et les régimes si différents que chacune d'elles comporte ?

Pour nous, qui sommes persuadé que la nature fait sortir ses compositions vivantes d'une source où les éléments organiques sont invariables, et qu'elle procède à l'exécution de ses œuvres directement, plutôt par la simplification que par la complication, nous ne nous étonnons nullement de savoir qu'il y a du poisson dans le reptile, du reptile et du poisson dans le mammifère et l'oiseau, de tous ces mélanges et surtout du singe dans l'homme. Comment en serions-nous surpris lorsque, selon une remarque déjà faite mais à laquelle nous revenons volontiers, parce que les transformistes l'appliquent à rebours de la logique, nous voyons l'innombrable quantité de mots et la multitude de langages différents dont un abécédaire est le foyer?

Au contraire, M. Ronjou professe l'opinion que « l'homme, issu par toute une longue série de transformations d'animaux, d'abord insectivores et un peu carnassiers, puis plus ou moins omnivores et frugivores, et définitivement frugivores, dut l'être d'abord comme eux, et que ce ne fut qu'avec le temps et un certain perfectionnement, qu'il devint carnassier et, par une déviation perverse de cet instinct, anthropophage. »

Satisfait d'avoir trouvé cette solution et renchérissant sur la complaisance de M. Darwin, à l'endroit du singe, M. Ronjou ajoute : « Une tendance *bien manifeste*, vers l'intelligence humaine, *se manifeste* même au dessous des anthropomorphes, chez les singes actuels ; ne la voit-on pas éclater *manifestement* chez les cynocéphales, particulièrement chez les mandrilles, les papions et le chacma, malgré leur naturel féroce, malgré leur face plus canine que simienne? On peut même dire que par leurs mauvais instincts et leur méchanceté désintéressée, ils dépassent l'animal (encore un peu il dirait l'homme) et se rapprochent de certaines races inférieures ou de quelques individus dégradés des races supérieures. D'un autre côté, on dirait qu'ils ont *plus conscience* de leur affinité avec l'homme et même qu'ils paraissent *se considérer* comme davantage de sa famille que les anthropomorphes eux-mêmes. »

Ce n'est plus précisément de la réthorique, mais ce n'est pas davantage une démonstration convaincante de l'enchaînement moral des classes et des ordres, dans la série des mammifères, ni une explication du pourquoi ces tronçons d'une même chaîne sont matériellement séparés les uns des autres. Que la paléontologie soit insuffisante à montrer tous les intermédiaires, c'est admissible ; mais qu'elle montre toutes les lacunes, sans faire voir un seul moyen de raccordement, en vérité, ce ne peut être qu'à la confusion de la doctrine qui conteste la fixité des types.

M. Roujou prétend avoir découvert l'inconcevabilité dont il entretient le monde savant, dans l'anatomie comparée des mammifères fossiles et des mammifères vivants. Il lui paraît infiniment probable que « des anthropomorphes éteints ont produit l'homme au début de l'époque tertiaire. » La transformation, paraît-il, allait, dans ce temps-là, plus vite que de nos jours, car le *dryopithecus*, le premier anthropomorphe apparu, d'après la paléontologie, n'a pas même l'âge que M. Roujou attribue à l'homme.

Au moins le savant anatomiste montre-t-il, sans réticence, quelques-unes des phases de l'évolution que le rudiment humain a suivies pour arriver à l'homme lui-même ? N'en croyez rien : sa conviction, à cet égard, s'est formée de conjectures comme l'opinion de M. Darwin. Sans dire quelles transformations avaient pu amener la classe des mammifères dont il compare la structure, le mode de génération, etc., il suppose que cette classe fut d'abord représentée par des animaux voisins des monotrèmes, puis par des didelphes et des monodelphes, tels que les insectivores, les lémuridés et peut-être les ancêtres des chéiroptères, des rongeurs et des carnassiers; que, dès avant l'époque tertiaire, mais bien après la constitution de ces ordres, durent apparaître les singes proprement dits, les carnassiers véritables, les phoques, les cétacés, les pachydermes et les ruminants; que pendant la diversification du type ancien et normal des mammifères, et qu'une partie d'entre eux se perfectionnaient, pendant que les primates évoluaient vers l'homme, et que ce dernier se divisait en espèces et en races, les carnassiers produisaient, par voie de dégradation, les pachydermes, et ces derniers, par suite d'une série de modifications profondes, aboutissaient, d'un côté, aux solipèdes, de l'autre, aux ruminants.

Quoi, l'anatomie distinguerait tant de points de contact, tant de liaisons conjonctives, dans ce fouillis de divergences qui, en dehors du groupe composé de membres d'une même famille, arrêtent l'œil, à chaque instant, et lui semblent former chacune, non pas un anneau qui se serait démaillonné, mais un anneau resté sans soudure, de la vaste chaîne des vertébrés! L'unité d'éléments, dans la composition des êtres en général, est une vérité incontestable, parce qu'elle est palpable; mais il est plus facile d'affirmer que de démontrer, ne fût-ce qu'au point de vue de la locomotion, l'unité de plan évolutionnaire dans l'extrême diversité des êtres dont la forme repose sur une colonne vertébrale.

On cherche vainement à faire surgir des indices de cette unité par la comparaison de la grande arête du poisson, tantôt arrondie, aplatie, triangulaire ou quadrangulaire, tantôt articulée ou comme tout d'une pièce, et des apophyses qui soutiennent les organes natatoires de cet animal, avec l'épine dorsale et les membres de la grenouille ou du lézard, avec le système vertébral et l'appareil locomoteur de l'oiseau et avec la charpente générale du mammifère : ce rapprochement terminé, on n'est nullement sûr, si versé que l'on soit dans les études anatomiques, que le poisson, la grenouille, le lézard, l'oiseau et le mammifère, ne soient pas chacun l'expression d'un plan différent, d'un plan générique, se bifurquant en autant de sections spécifiques que ce plan offre de traits de séparation marqués.

Et ce n'est pas seulement dans l'embranchement, mais c'est aussi dans ses principales divisions, dans la classe, dans l'ordre et dans la famille, qu'il n'est pas possible de ranger les organismes selon la disposition convergente qu'implique la communauté d'origine. Passe, que l'on ne nous fasse pas voir comment l'évolution est allée de la plus imparfaite à la plus compliquée des formes vertébrées ; il y a là des difficultés que l'on peut refuser de résoudre en alléguant la multiplicité des divergences et l'extrême longueur du temps qu'il leur a fallu pour se produire, les unes consécutivement, les autres parallèlement ;

mais pour qui a la prétention de démontrer la parenté
de l'homme avec un *très-ancien* type de mammifères, il devrait être facile d'aligner, par ordre de gradation organique, au moins une ou deux des familles
qui composent une classe, de montrer, par exemple,
les degrés que l'évolution a parcourus pour amener
tous ces organismes de solipèdes ou de ruminants,
dont l'existence simultanée offre comme une série de
variantes d'un même thème, tous ces organismes de
singes, physiquement dissemblables, mais qui se ressemblent tous par le côté mental.

On ne le peut, cependant, ce qui n'empêche pas
que l'on raisonne comme si le classement des animaux et des plantes, par échelons gradués, ou sur un
certain nombre de lignes parallèles, n'était pas un
problème insoluble, et comme si la contemporanéité
de certaines familles et leur extension parallélique,
n'étaient pas des indices de spécificité.

« Bien loin que la série ascendante existe, dit
M. Sauvage (1), nous voyons, au contraire, vivre
simultanément de nombreuses familles appartenant
aux quatre embranchements du règne animal, et cela
dans les formations les plus anciennes. Dès les premiers terrains fossilifères, toutes les classes des zoophytes, des annelés, à part celles des insectes et des
arachnides, peut-être, qui semblent dater du carbonifère, toutes les classes sont représentées. Les
ordres, du moins chez les mollusques, le sont pour

(1) *Progressibilité et variabilité des types.* Bulletins de la Société
d'anthropologie, 1871.

la plupart. Dans le monde dévonien coexistent tous
les sous-embranchements sarcodaires et radiaires,
molluscoïdes et mollusques, vers et arthropodes,
anallantoïdiens et allantoïdiens. Dès le carbonifère,
des cinq classes de l'embranchement des vertébrés,
il ne manque, aujourd'hui, que la classe des mammifères et celle des oiseaux, qui paraissent être plus
récentes. Nous disons aujourd'hui, car il est certain
que l'époque d'apparition de ces classes sera encore
plus reculée par les recherches ultérieures. »

Mais l'anatomie traite un peu dédaigneusement la
physiologie, lorsque, sans avoir consulté cette dernière science, elle juge que la structure d'un poisson
ou d'une grenouille, a pu devenir celle d'un lézard et
que, à son tour, la structure du lézard a pu se transformer en celle d'un oiseau ou d'un mammifère. Est-
on sûr qu'une modification de la structure entraîne
une modification correspondante de la texture des
éléments histologiques, des appareils, des systèmes
et des propriétés physiologiques d'où naissent l'instinct, les facultés mentales ?

Serait-ce uniquement la différence qui existe entre
l'ostéoplaste d'un reptile et celui d'un oiseau qui pro-
duirait les conséquences si opposées par lesquelles la
vie de l'un se distingue de la vie de l'autre, en tout
ce qui relève de l'instinct maternel ? On ne nous per-
suadera jamais que la poule tient du changement de la
forme d'un saurien ou d'un dinosaurien, sans attachement pour sa progéniture, l'extrême sollicitude qu'elle
déploie à couver ses œufs et à élever ses poussins.

Les polygénistes croient au développement de la vie par la diversité de germes sériaires et sont, en cela, presque d'accord avec les stabilistes; à leur tour, les oligogénistes, écartant le principe de l'unité d'origine, présument que la zoologie et la botanique ont chacune leurs embranchements respectifs, c'est-à-dire des points de coïncidence, d'abord, entre les genres, puis, entre les ordres et, enfin, entre les classes. Mais ces liaisons, dont on serait si intéressé à montrer l'existence, on ne les découvre pas. C'est parce que la seule gradation que la nature paraisse observer, dans les deux règnes, affecte encore plus particulièrement la taille des espèces et des genres que leurs qualités organiques. Cela est surtout saisissable dans le règne animal, où il n'est pas une classe qui n'ait son minimum et son maximum de développement, pas un ordre qui n'ait ses nains et ses colosses.

Pour se rendre compte de cette division par rang de taille des animaux d'une classe, sinon d'un même ordre, il suffit de faire une revue, par la pensée, des différences de dimension qui les éloignent les uns des autres, indépendamment des caractères distinctifs du genre auquel ils appartiennent.

Ainsi, que de degrés, dans la mammalogie, du plus petit au plus gros des rongeurs, du plus faible au plus fort des ruminants, et subsidiairement, du genre le plus exigu au genre le plus grand, dans chacun de ces ordres ! Et remarquez qu'il en est de même dans l'ornithologie, dans l'ichthyologie, dans l'entomologie, parmi les reptiles, parmi les crustacés et les mollusques. La règle est si absolue, partout, que l'on ne trouverait pas, dans une même classe, deux genres qui soient exactement de la même taille.

Peut-être va-t-on se récrier contre cette assertion. On peut, en effet, la contredire en indiquant, parmi les oiseaux et parmi les poissons, des genres, présumés congénères, d'une taille parfaitement égale; mais, avant de soulever des objections, à cet égard, les naturalistes feront bien de s'assurer s'il s'agit d'animaux relevant, à bon droit, d'un même groupe naturel, ou d'intrus rangés, par une mauvaise classification, dans une famille à laquelle ils seraient étrangers. Ce dernier cas n'est pas très-rare.

Selon nous, le groupe naturel se compose de genres ayant non-seulement la même structure, mais aussi une même conformité d'instincts et de mœurs. Quand nous trouvons confondus, dans la même famille ornithologique, des granivores et des insectivores, dans la même classe ichthyologique, des espèces qui chassent et des espèces barboteuses ou vivant de matières organiques en suspension dans les eaux, nous voyons là des groupes conventionnels et non des des groupes naturels.

En assimilant le rossignol à d'autres insectivores, n'ayant avec lui qu'une analogie de forme, la mésange tête-noire au corbeau, les petits sparoïdes aux grands, on a classé des ressemblances anatomiques, cela est vrai, mais, en même temps, on a fait une confusion de dissemblances intimes, qui jurent de se trouver réunies sous une même appellation générique.

Après tout, la taille des espèces ou des genres, n'importe nullement, car la diversité de l'extension de la forme, chez les êtres vivants, ne laisse rien préjuger au profit d'aucune des doctrines transformistes : à part les complications spécifiques, le petit organisme du mulot ou de la souris n'a pas moins de perfection anatomique que le grand organisme de l'éléphant, la forme de l'oiseau-mouche est tout aussi parfaite que celle de l'autruche. Et si cela est vrai pour les espèces actuelles, il n'est point présumable qu'il en ait été autrement pour les espèces fossiles. Nous croyons qu'il serait difficile de démontrer que l'éléphant est organiquement supérieur au mastodonte, le bœuf au trégonthérium, le cheval à l'anchithérium ou au paléothérium.

Quoiqu'en ait dit M. Agassiz, dans un intérêt d'ailleurs qui n'est pas celui du transformisme, les indications paléontologiques, à cet égard, ne peuvent inspirer qu'une médiocre confiance. Des inductions, tirées de similitudes anatomiques, ne sauraient conduire qu'à des à peu près, sinon à des erreurs, dans la recherche de l'instinct et même de la physionomie d'un animal dont on voit le squelette, plus ou moins entier, sous le voile opaque de la pétrification. Il ne signifie rien, par exemple, qu'une différence de formes distingue les poissons fossiles des poissons vivants. Si un poisson dévonien adulte s'arrêtait à la forme de l'embryon d'une espèce actuelle, cela veut dire seulement que, dans les premiers âges de la terre, les milieux, les influences biologiques, excluaient le développement que cette espèce a acquis plus tard.

Pour nous rendre compte de la difficulté d'interroger avec fruit tout ce que la paléontologie présente de témoignages quelquefois vrais, mais le plus souvent inintelligibles, de la variabilité des formes de la vie, figurons-nous l'enfouissement et la fossilisation des organismes qui peuplent, à présent, la surface de la terre, et demandons-nous, ensuite, combien de graves confusions, d'étranges méprises, ne commettrait pas le zoologue qui, à une distance incalculable de la rénovation superficielle du globe, viendrait procéder au classement et rechercher la généalogie des animaux disparus. Quel ne serait pas son embarras, si habile que fût ce savant, de n'avoir que des débris fossiles et des termes de comparaison douteux, pour se guider dans la distinction de quelques-unes seulement de nos races domestiques, si multipliées et si dissemblables sous le rapport morphologique !

Nous croyons, quant à nous, qu'il est impossible d'apprécier complètement, au point de vue physiologique, quelle fut la manière d'être d'existences éteintes dont on n'a, sous les yeux, que les restes matériels. Supposons, par exemple, que le chien ait péri par suite d'un changement de la nature ambiante. Le naturaliste qui rencontrera, à l'état fossile, le corps d'un boule-dogue, celui d'un caniche et celui d'un lévrier, parviendra-t-il à classer exactement ces animaux ? Ce n'est pas probable. Rien ne venant lui en indiquer le caractère moral et les jugeant d'après leur structure et leur apparence extérieure, il les rangera séparément. Par là se montre l'impuissance des efforts que l'on pourrait faire dans le but de préciser la valeur des données paléontologiques, contre la permanence de l'espèce, s'affirmant par une longue suite de faits observés et vérifiés.

M. Gaudry ne tient pas compte de ces difficultés d'appréciation, lorsqu'il fait remarquer que l'amphicyon était moitié chien moitié ours, l'hyœnarctos, ours aux trois quarts, mais encore chien pour la quatrième partie ; que le pseudocyon était, au contraire, un ours très-près d'être devenu chien ; que le singe de Pikermi tenait des semnopithèques par le crâne et des macaques par les membres.

Sans aller chercher si laborieusement, dans la paléontologie, des exemples de transformation graduelle qui manquent de certitude, M. Gaudry eût pu, tout aussi bien, s'arrêter à mesurer dans quelle proportion l'homme primitif se dégage du chimpanzé ou d'un autre anthropoïde, et signaler les degrés de perfectionnement par lesquels la bestialité du singe est passée, pour devenir l'intelligence et la raison humaines.

M. de Saporta nous paraît se placer plus près de la vérité que M. Gaudry, en assurant que « à mesure que l'on touche à des temps voisins du nôtre, on voit constamment, dans l'un ou l'autre règne, chacune de nos espèces vivantes ou récemment éteintes, précédée par des espèces fossiles qui n'en diffèrent que par de minimes détails de structure. Dès lors, demande-t-il, quoi de plus naturel que d'admettre une filiation dont on découvre pour ainsi dire tous les degrés ? De l'éléphant antique à celui d'Asie et de l'éléphant méridional à celui d'Afrique, la distance est déjà bien faible ; mais du grand hippopotame fossile à celui de nos jours, qui a jadis habité le bassin de Paris, de l'ours des cavernes à l'ours brun, du bœuf primitif et du cheval tertiaire à notre bœuf et à notre cheval, l'intervalle se réduit presque à rien, si l'on tient compte d'une foule d'intermédiaires successifs. »

Ce n'est peut-être pas d'une parfaite exactitude, sous le rapport anatomique, et aussi parce que les intermédiaires de raccordement, dont on aurait besoin pour établir la filiation des genres qui se succèdent, échappent à toute perquisition ; mais cela paraît vrai en tout ce qui se rapporte aux mœurs, c'est-à-dire aux caractères véritablement spécifiques.

Par exemple, si l'hipparion, venu avant le cheval actuel, l'anchithérium, aîné de l'hipparion, et enfin le paléothérium, apparu sans antécédent connu, représentent, à n'en pas douter, autant de genres de l'espèce chevaline, cependant, ces genres diffèrent trop, de l'un à l'autre, par la structure, pour que l'on puisse les considérer comme étant issus, le deuxième du premier, le troisième du deuxième.

Pour que la série soit regardée comme un faisceau lié, il est nécessaire d'en montrer et les attaches et la souche. Les attaches font absolument défaut, dans la paléontologie, et, quant à la souche, les transformistes ne sauraient la voir, dans le paléothérium, sans avouer, par cela même, que leur contestation de l'inaltérabilité du principe spécifique, n'est qu'une vaine chicane.

Mais si nous citons l'opinion de M. de Saporta, opinion d'ailleurs appuyée de considérations judicieuses, ce n'est, bien entendu, que pour la faire valoir à l'avantage d'une idée qui, nous le regrettons, n'est pas celle de l'auteur d'une savante *Étude sur les récents travaux de l'école transformiste*. M. de Saporta, évolutionniste modéré, déclare, avec une franchise dont les partisans de la fixité de l'espèce doivent lui savoir gré, que la croyance à l'évolution n'implique pas l'existence d'une variabilité incessante et universelle. « A qui voudrait voir partout l'instabilité, dit-il, il serait facile d'opposer l'ordre régulier et l'apparente fixité de la nature actuelle. Heureusement, il n'est pas nécessaire de recourir à des changements perpétuels, il suffit d'admettre que les êtres organisés ont changé quelquefois, sous l'empire de causes déterminées, pour expliquer l'origine des principales diversités qui nous frappent en eux. »

Nous serions bien près de nous ranger à cet avis, mais là où M. de Saporta voit l'évolution des espèces, nous ne voyons, nous, que la variation des races. Selon lui, l'espèce n'est pas stable, les changements qu'elle subit graduellement peuvent, à la longue, la transformer d'une manière complète. Selon nous, l'espèce est immodifiable au fond, malgré la fréquence de ses divisions en races. Ses fluctuations peuvent affecter des apparences singulières, aller du plus grand terme au plus petit, d'une expression relativement infime à des proportions énormes ; mais qu'elles passent du commun à l'original, du gigantesque à la miniature et *vice versa*, ce n'est jamais que l'aspect qui varie, le plan général de conformation reste le même.

Réellement, si nous n'avions, à cet égard, une conviction déjà faite, nous la sentirions se former en nous, sous l'influence de l'argumentation quelque peu réticente de M. de Saporta. C'est qu'effectivement cet auteur a une manière de suivre et de mettre en lumière la gradation des séries animales qui, selon nous, sert bien moins la doctrine de l'évolution que celle de la continuité de l'espèce.

Ainsi, après avoir fait remarquer la réduction à un seul genre de la famille des éléphants, autrefois composée de trois genres, sur des indications d'anatomie comparée peut-être sans importance, il attribue au type dinothérium, le plus ancien des trois, des tendances vers d'autres groupes, entr'autres vers celui des morses et des lamantins ; puis, par la supposition, toute gratuite, d'une longue série de formes intermédiaires, il rattache au mastodonte, survenu après le dinothérium, le genre actuel des éléphants d'Asie et d'Afrique, en ajoutant que les mêmes remarques s'appliquent à d'autres groupes, tels que les rhinocéros, les tapirs, les chevaux, les cerfs, les bœufs. D'un autre côté, il avance, d'après M. Schimper, qu'il en est de même pour le règne végétal, que le développement progressif du monde des plantes ne s'explique que par l'évolution.

Ce qui suit de ce raisonnement, c'est que le mastodonte a différé physiquement du dinothérium, son
prédécesseur, comme les deux races d'éléphants de
nos jours diffèrent du mastodonte, leur ancêtre commun. Il n'y a rien de plus et M. de Saporta le reconnaît, car il émet l'avis que les trois genres d'éléphants
ont dû avoir les mêmes mœurs. Donc, disons-nous,
les différences morphologiques qui séparent le mastodonte du dinothérium et les éléphants d'Afrique et
d'Asie du mastodonte, constituent, non l'évolution
transformatrice du caractère spécifique, mais la variation tout à la fois modificative de la forme et conservatrice de l'expresse combinaison interne d'où
découle l'espèce.

Et comme, de l'aveu de M. de Saporta, il y a lieu
d'étendre la même remarque à chacune de nos
espèces vivantes, à l'hippopotame, au rhinocéros, au
bœuf, au cheval, au cerf, nul doute que les types ne
se soient développés ou, pour parler plus exactement,
ne se soient modifiés et perfectionnés, par une diffu-
sion en races dissemblables, quant aux formes, mais
toujours pareilles, quant aux traits moraux, ces faits
insubstantiels que Cabanis a cru être la sécrétion des
organes et que, dans le langage usuel, nous nommons
l'instinct, les mœurs, l'intelligence.

C'est notre conviction, les premiers éléphants, les
premiers chevaux, les premiers bœufs, doivent être
les types d'où proviennent nos éléphants, nos chevaux et nos bœufs, si peu semblables à leurs ancêtres
par divers côtés physiques et surtout par la taille,

mais pourtant demeurés ce qu'étaient ceux-là, des éléphants, des chevaux, des bœufs.

Et, s'il en est ainsi des animaux, il n'en est pas autrement des plantes. Toutes proviennent de types originaux dont les caractères extérieurs ne sont plus guère reconnaissables en elles ; mais toutes ont conservé, sans altération, la physionomie morale constituant leur intégrité spécifique.

Des espèces qui ont changé d'attitude et d'aspect, par une diminution de taille et par la modification de quelques-uns de leurs organes, ne se sont pas pour cela transformées dans le sens que les dérivatistes attachent à l'idée de transformation.

Du paléothérium au cheval de nos jours, la distance paraît être très-considérable, lorsque l'on compare les deux espèces par leurs apparences extérieures. Le paléothérium, d'une taille gigantesque, a les membres relativement courts, l'encolure épaisse, la tête peu éloignée des épaules, des pieds tridactyles munis d'un sabot à chacun de leurs doigts, l'aspect général d'une extrême vigueur, mais lourd. Chez le cheval, la taille s'est amoindrie de près de moitié, l'encolure est d'un galbe gracieux, les membres sont en proportion avec le corps, le pied n'a qu'un seul doigt, mais le sabot qui le termine saillit sur tout son pourtour, de manière à remplir la place laissée vacante par la disparition des doigts latéraux ; l'ensemble exprime moins la force que la souplesse.

Ce défaut de ressemblance entre les deux termes extrêmes du genre cheval, se réduit à bien peu de

chose, dès que l'on est forcé de convenir que le paléothérium et notre solipède ne diffèrent point par les
mœurs. Elles sont, en effet, très-insignifiantes ces
dissemblances physiques qui n'empêchent pas de voir
le lien de famille unissant une race vivante à une race
éteinte du commencement de la période tertiaire, qui
paraît avoir eu une durée immense et dont les terrains abondent de fossiles tellement en rapport avec
le plus grand nombre des espèces actuelles, qu'ils
sont comme les extraits de naissance de ces dernières.

En trouvant ainsi parsemées, dans les subdivisions
d'une couche géologique dont la première assise
remonte quasi au berceau de la population terrestre,
tant de souches-mères qui ne renient pas leurs rejetons les plus éloignés, les ennemis de la doctrine de
Cuvier devraient convenir que les causes ambiantes,
les tendances individuelles et la sélection naturelle
ont fait faire bien peu de chemin à la transformation
pendant les milliers de siècles qui nous séparent de
l'époque où apparurent les premiers pachydermes.

Lorsque le cheval, l'éléphant, le rhinocéros, toutes
les espèces représentées par les grands fossiles, sont
déjà puissamment organisées, à leur apparition, et
qu'il est impossible de découvrir au-delà d'elles des
analogues moins perfectionnés dont elles auraient pu
descendre, les transformistes devraient se demander
s'il n'est pas plus probable qu'elles soient nées pourvues de caractères indéviablement spécifiques. Ils devraient surtout s'adresser cette question devant

l'absence de tout vestige de la transformation qui, pré-
tendent-ils avec M. Haeckel, aurait amené l'homme
durant l'époque diluvienne. Comment ne réfléchissent-
ils pas que s'il était réel que le genre humain fût le
dernier terme du perfectionnement de la zoologie par
l'évolution des formes, et que l'homme ne datât que
de la période à laquelle confine celle où nous vivons,
il serait immanquable que l'on trouvât des traces de
son origine parmi les restes de cette période encore si
récente! Ne serait-il pas étrange que les causes de
conservation auxquelles nous devons de retrouver les
vestiges de tant d'animaux, venus des milliers de siècles avant l'homme, ou arrivés en même temps que
lui, n'eussent pas préservé de la dissolution le moindre
fragment de l'homme-singe complaisamment imaginé
et décrit par le père de la Bible transformiste? Les
débris de votre homme primitif, M. Haeckel, devraient
se trouver mêlés, sur un point ou sur un autre du
quaternaire, à ceux du mammouth, du lion et de
l'ours des cavernes. Rien de lui nulle part, ce qui
mène à conclure que l'espèce humaine, ainsi que
toutes les autres espèces mammalogiques, a fait son
apparition sans laisser apercevoir d'où elle venait.

Mais, quoique pensent et que disent, à ce sujet, les
transformistes, il n'en est pas moins vrai que la dif-
fusion des espèces en races, dans l'un et l'autre
règne, est le seul mouvement dont on se rende
compte, soit que l'on consulte la paléontologie, soit
que l'on scrute les actes de la vie se déroulant sous
nos yeux. De là, à une évolution en tout sens, con-

duisant le chien à devenir un ours, ou celui-ci un chien, l'habitant de l'eau un habitant de l'air, le crocodile un poisson, le poisson un éléphant, il y a une différence trop grande pour que la raison puisse accepter les rêves de l'esprit lancé à la recherche de la complication des fins dans la simplicité des moyens, et du pourquoi de l'unité embryonnaire et de l'unité germinale, alors que l'une et l'autre se répandent en conséquences si variées.

Il est, dans tous les cas, complètement acquis, à la doctrine de la fixité de l'espèce, qu'il n'y a pas un seul type animal ou végétal, dont on soit à même d'indiquer l'origine par dérivation. Personne n'aperçoit les rapports de continuité, la liaison de parenté que l'on dit exister entre les reptiles et les amphibies carnassiers de la deuxième époque et les pachydermes herbivores de la troisième, entre ces derniers et les autres quadrupèdes ongulés ou inongulés, les quadrumanes et les bipèdes, qui, à partir de la période tertiaire, sinon avant, laissent leurs débris fossiles dans une même section de couche géologique.

Cette absence de trait d'union, entre les formes qui se succèdent, pendant que la vie s'organise et se diversifie, et surtout cette contemporanéité d'un trèsgrand nombre d'espèces ou de genres, apparaissant, tout à coup, sous des organismes supérieurs, sont moins des indices de transformation que des preuves de germination spontanément spécifique.

Lorsque, entrevoyant, dans les faits actuels, des traces de métamorphoses, dont il y n'a aucune apparence, dans les faits du passé, on objecte que la plupart de nos animaux domestiques, notamment le porc, si répandu en Europe, et le chien, ce familier compagnon de l'homme sous tous les climats, paraissent descendre d'espèces similaires vivant en liberté dans leur voisinage, on ne fait que fortifier l'opinion émise, par Buffon et par Cuvier, touchant la fixité de l'espèce.

Il est possible, assurément, que les diverses races canines proviennent, ici du loup, là du chacal ou du renard, ailleurs du canerier. La domestication et la sélection artificielle ont pu modifier ces carnassiers ; mais cela prouverait l'élargissement du cercle de leur espèce et non leur transformation radicale.

Le porc, issu du sanglier, et le chien, venu du loup ou d'un autre fauve, ne sont pas complètement séparés de leur souche originaire, s'il est vrai qu'ils restent susceptibles de croisements absolument féconds avec leurs frères libres. N'est-ce pas parce que la disposition de la race à varier, « cette force dont l'homme s'empare pour la diriger au profit de ses besoins ou de ses fantaisies, » et qui a existé dans les âges lointains comme elle existe aujourd'hui, n'est pas assez profonde, assez générale pour entraîner l'espèce au-delà d'elle-même, en la modifiant dans son caractère moral ?

L'évolution spécifique n'est pas un phénomène de même nature que l'évolution individuelle. Liaison ininterrompue entre les espèces de nos jours et celles des âges antérieurs, jusqu'à la troisième période inclusivement. Immuabilité de la vie dans son principe divisionnaire.

Si mystérieuse qu'elle soit, la production spontanée d'un ou de plusieurs organismes renfermant les éléments de la faune et de la flore qui, par la suite des temps, auraient graduellement étalé leur splendeur dans les eaux, sur le sol et dans les airs, offusque moins l'esprit que l'apparition simultanée ou successive d'espèces subitement supérieures et entrant dans la vie sans passer par ses préludes ordinaires. Alors que le monde vivant se refuse à nous montrer quoi que ce soit dont l'existence n'ait pas eu son principe dans un sein maternel, comment la science pourrait-elle admettre une longue répétition du prodige par lequel la vie se manifesta une première fois sans ce préliminaire?

Nous n'avons aucunes notions précises des conditions biologiques qu'a traversées l'enfance du monde; nous ne savons pas comment la matière organique est sortie vivifiée du règne inorganique; cependant nous ne voulons pas nous arrêter à cette considération que, sous l'empire de causes dont nous ne nous rendons point compte parce qu'elles ont cessé d'exister, la vie a pu, tout aussi bien en plusieurs qu'en une seule fois, émettre ses germes et les développer selon un mode logique à l'absence de maternité.

Mais ces circonstances disparues, après avoir préparé les fins aux moyens de la création, si la science ne les conçoit pas dans le sens d'une série d'opérations dont la preuve ne se saisit point, elle les admet pourtant au soutien de l'hypothèse d'une chaîne d'êtres qui se serait formée par voie de filiation, cette hypothèse lui paraissant avoir une base solide dans l'exemple des métamorphoses qui, sous nos yeux et par notre fait, changent les individus dans une certaine mesure. Les individus se transformant, les groupes doivent se transformer aussi, dit-elle, attendu que l'évolution spécifique est un phénomène du même ordre que la transformation individuelle.

Ainsi, pour repousser l'idée, apparemment trop naïve, d'une direction intelligente, dans l'établissement des lois naturelles, on accepte une conjecture à coup sûr erronée, car il est évident que la transformation des individus et celle des espèces sont des phénomènes d'un ordre différent.

La transformation individuelle, telle que nous la voyons dans les faits du présent, et telle qu'elle se montre, dans les vestiges du passé, se résume, nous le répétons, en des changements physiques; la transformation de l'espèce, sans exemple dans le présent et sans preuve au delà de l'âge historique, impliquerait, nous ne saurions trop le redire, en même temps que les modifications corporelles, des changements moraux en correspondance avec celles-là. Or, quand aujourd'hui nous comparons, les unes aux autres, les nombreuses variétés d'un même type de cheval, de chien, de poule ou de pigeon, aux variétés d'un autre type de la même espèce, ce qui nous frappe, c'est la persistance de la ressemblance morale par laquelle se rapprochent les individus de types si différents par la forme.

De même, lorsque nous mettons en regard, pour les confronter, toutes les races, toutes les variétés de plantes d'une même espèce, si nous ne manquons pas d'apercevoir les divergences physiques qui les éloignent les unes des autres, néanmoins nous cherchons en vain le point de rupture de la consanguinité dans cette multiplicité de modifications du même végétal.

On n'arrive pas à des résultats contraires en consultant les documents paléontologiques, afin de savoir si les espèces auraient réellement varié, antérieurement à la formation de la faune et de la flore actuelles. Loin de là, puisque ces documents établissent l'existence d'une liaison ininterrompue entre les espèces de nos jours et celles des âges anté-historiques, jusqu'à la période tertiaire inclusivement.

Notre opinion, à cet égard, a pour auxiliaire celle de M. de Saporta, affirmant que, dans les deux règnes, les espèces vivantes, comme les espèces éteintes, ne diffèrent que par de minimes détails de structure des espèces fossiles qui les ont précédées. S'il est réel que cette liaison existe, s'il n'y a pas trace de métamorphoses spécifiques dans l'immense espace de temps qui s'est écoulé depuis la deuxième époque, il n'est pas supposable que les organismes dont, le sol était déjà peuplé, eussent évolué du rudiment au composé alors que la terre solide émergeait à peine.

Ainsi, les faits anciens, comme les faits nouveaux, attestent l'immutabilité de la vie organisée, quant à son principe divisionnaire. D'où qu'elles viennent, les notions recueillies, à ce sujet, ne confirment nullement le soupçon sur lequel de brillants esprits illusionnés, en France, en Angleterre et en Allemagne, ont fondé les théories de l'évolution et de la dérivation. Les espèces s'éteignent, mais ne se transforment pas, si ce n'est dans le monde imperceptible des infiniment petits où la spontanéité des générations pourrait, au dire de M. Roujou, comporter et parcourir réellement une certaine filière évolutive. (1)

D'ailleurs, et nous signalerons cette remarque à l'attention des hommes sérieux, la transformation, si elle était autre chose qu'une hypothèse, pourrait bien expliquer la multiplicité des formes vivantes, mais elle n'expliquerait point la disparition de celles qui ne sont plus. Les causes très-aléatoires que l'on assigne à l'évolution, le besoin, pour les êtres, de s'adapter aux milieux, leur inclination naturelle ou forcée à contracter de nouvelles habitudes, l'activité ou le repos de leurs organes, le mélange des tempéraments par la génération, tout cela n'a pu agir

(1) Bulletin de la société d'anthropologie, tome 5. *Types primitifs des mammifères.*

uniformément partout, même pendant les âges qui se sont déroulés sous le régime d'une température universellement égale. Les milieux étaient alors comme aujourd'hui si variés par eux-mêmes, sur la surface de la terre ou dans les eaux, que l'on ne peut admettre qu'il n'y en eût pas qui conservassent ce que les autres détruisaient.

En se plaçant au point de vue du transformisme, c'est-à-dire en prêtant à la nature des hésitations et des tendances futiles qu'elle n'a pas, on comprend que la dérivation naisse de la contrainte exercée par les circonstances naturelles, sur l'animal ou sur la plante qui cesse de se trouver dans les conditions ordinaires de son existence ; il est concevable, par exemple, que la nécessité de se nourrir d'une chose, à défaut d'une autre, amène une habitude et celle-ci une première modification organique, que la sélection transmet et que l'hérédité développe ; mais on ne comprend pas que le même effet puisse survenir, en l'absence de la cause, dans les milieux qui s'harmonisent avec la constitution de leurs habitants.

Conséquemment, l'extinction du grand nombre d'espèces ou de genres dont la paléontologie nous montre les restes fossilisés, a dû avoir une cause accidentelle ou partielle, une cause accentuée, profonde, et non une cause invisible et puérile.

Par là ressort encore l'invraisemblance d'une doctrine édifiée sur l'erreur et qui fait dépendre de circonstances fortuites, plutôt que de l'intention créatrice, la splendide diversité de choses que la nature vivante offre à nos yeux émerveillés. Encore une fois, quand tout révèle un invariable esprit de suite, dans la connexité universelle, il faut fermer les yeux à la lumière pour ne pas voir que la suprême régularité de l'ordre qui règne là, exclut les maladroites incertitudes du hasard.

Que la spontanéité ait été le premier anneau de cette chaîne mystérieuse des êtres organisés, c'est probable, et la science ne saurait admettre une autre cause première de l'origine des existences ; mais que le monde palpable et visible ait eu ses racines dans le polyphormisme évolutif des êtres microscopiques, naissant et mourant dans l'infimité corporelle, et soit devenu ce qu'il est, non parce que c'était dans les desseins arrêtés de la nature, mais parce que, chemin faisant, dans la voie du progrès et de la perfection, les organismes se seraient d'eux-mêmes jetés dans une direction plutôt que dans une autre, en vérité, c'est là une incroyable manière d'expliquer l'organisation de la vie, dans ses aspects variés, ses instincts, ses adaptations et ses affinités systématiques.

Opinion de Cuvier et de Buffon. Causes et limites de la variation des formes. L'espèce humaine. L'unité spécifique.

Cuvier a écrit : « On n'a aucune preuve que toutes les différences qui distinguent, aujourd'hui, les êtres organisés, soient de nature à avoir pu être produites par les circonstances. Tout ce que l'on a avancé, sur ce sujet, est hypothétique ; l'expérience paraît montrer, au contraire, que, dans l'état actuel du globe, les variétés sont renfermées dans des limites assez étroites, et, aussi loin que nous pouvons remonter dans l'antiquité, nous voyons que ces limites étaient les mêmes qu'aujourd'hui. »

De son côté, Buffon avait dit : « Chaque être a sa patrie naturelle, dans laquelle il est retenu par nécessité physique ; chacun est fils de la terre qu'il habite. »

La science expérimentale pourrait-elle citer un fait précis, un seul, qui contredise la pensée de ces illustres naturalistes et légitime, à un degré quelconque, l'opinion des partisans du transformisme ? Nous ne le croyons pas.

On a pu voir varier, jusqu'à s'effacer très-sensiblement, la physionomie d'un organisme, mais on n'en a point vu qui, en perdant ses traits extérieurs, ait aussi perdu ses instincts, son adaptation propre et sa texture intérieure.

On a bien souvent pris la mobilité des accessoires de la forme pour la transformation radicale de l'espèce, mais on n'a jamais constaté une véritable évolution des attributs moraux qui sont le fond du caractère distinctif de la souche spécifique.

Si la variabilité de la forme est certaine, quelquefois intense, il est également certain qu'elle est comme renfermée dans un cercle. Les causes qui la produisent, causes inhérentes au plan même de l'organisme ou résultant de l'influence de l'homme, ont beau multiplier et diversifier leurs effets, éloigner ou rapprocher les descendants, les perfectionner ou les dégrader, marquer enfin d'une nuance plus ou moins apparente chacun des écarts que l'hérédité, dans la génération, imprime aux nouveaux produits, tout ce mouvement va du centre à la circonférence ou revient des bords au milieu du cercle, tantôt électif, tantôt dégénérescent, mais soit qu'il remonte, soit qu'il descende, préservant de toute rupture, par ses fluctuations mêmes, le lien sur lequel repose la continuité de la famille. En un mot, la variation des formes étend l'espèce, l'accroît de nouvelles races, mais ne fait jamais d'une espèce une autre espèce, ni dans la nature libre, ni dans la nature subjuguée.

C'est inutilement que l'on veut voir des moyens ou au moins des analogies de transmutation de l'espèce, dans les générations alternantes récemment découvertes, dans la génération fissipare ou gemmipare, dans les métamorphoses par lesquelles le ver devient un papillon ou une phalène. Ces phénomènes, limités dans une étroite précision, ainsi que les phases du développement embryonnaire, chez les animaux supérieurs, n'offrent rien qui soit plus extraordinaire que la succession graduelle de celles-ci, rien qui soit analogue à une variation spécifique. Les générations alternantes, la génération par scission ou par bourgeonnement, les changements de formes du ver ou de la larve, tout cela n'amène que des retours toujours semblables d'un même phénomène génésiquement élaboré et fixé, tout cela est aussi invariablement particulier, spécifique, que les différences de taille, de consistance, de force musculaire, de facultés physiques et de facultés mentales, qui marquent ou suivent l'évolution de l'âge chez les individus de la même espèce.

Laissons donc de côté le polyphormisme contenu dans un même acte de génération, comme les métamorphoses, simplement corporelles, que subissent quelques amphibies, certains insectes, quelques poissons ou crustacés, la plupart des animaux inférieurs et des plantes cryptogames; ne parlons pas, non plus, des différences de structure ou de couleur qui, chez beaucoup de mammifères, d'oiseaux, de poissons et d'insectes, se rattachent à la constitution même des organismes et dépendent de l'âge, de la saison ou de la période du développement individuel. A part ces phénomènes évolutifs, dont aucun ne saurait conduire à trouver la moindre explication de l'enchaînement des êtres, la nature ne se sert, pour varier la faune et la flore, sur la base de leurs principes spécifiques, que de l'action combinée de toutes les influences qui constituent le climat.

Il ne paraît point qu'elle ait eu d'autres agents que ces influences pour différencier les formes qu'elle a établies dès l'origine, et, dans ce qu'elle fait par elles, aujourd'hui, nous ne trouvons aucune raison plausible de croire qu'elle a dû faire autrement dans le passé. D'ailleurs, l'histoire est là pour nous démontrer que dans les plus anciens jours du monde civilisé, ainsi qu'à présent, l'animal et la plante ont porté l'empreinte de leur affectation régionale. L'habitat a toujours été comme le cabinet de toilette de la nature, et, pour s'y parer avec la variété de richesses que nous admirons, elle n'a eu qu'à fonder l'inamovible loi des rapports des êtres avec les alentours ordinaires de leur existence.

Un savant professeur de botanique, M. Eméry, a écrit récemment, dans la *Revue scientifique* : « Deux faits dominent l'histoire du monde végétal actuel : 1° La multiplicité des types ; 2° le cantonnement de chacun d'eux sur un espace déterminé... En voyant chaque région naturelle posséder ses types propres, l'idée vient immédiatement à l'esprit que cette diversité, d'une part, cette localisation, de l'autre, sont des effets directs du climat » (1). C'est vrai pour les plantes et c'est vrai aussi pour les animaux.

Vainement M. Darwin, avec la même puissance d'imagination et de talent que Fourier a mise dans ses doctrines socialistes, fait-il découler de la nécessité d'adaption, de la sélection naturelle et de l'hérédité, l'organisation et la parure des deux règnes ; vainement l'empire des milieux est-il contesté par la plupart des anthropologistes : tout, dans la nature vivante, est soumis à cette loi de variation ; tout la subit, depuis le puceron jusqu'à l'homme, depuis le brin d'herbe jusqu'à la plus haute expres-

____

(1) *Influences des milieux sur les formes végétales.*

sion végétative, et, pour s'imposer, il lui suffit de
sa propre force, ainsi que le témoigne la différence
de ses effets de continent à continent, d'une mer à
une autre, de contrée à contrée, de la plaine à la
montagne.

Chacune des cinq parties du monde possède des
animaux et des plantes dont les autres parties sont
privées ; chaque amas d'eau renferme des produits
étrangers aux autres mers, et, sur le sol et dans les
océans, il n'est pas une subdivision climatologique
qui n'ait une livrée particulière pour ses habitants
stables. Cela est ainsi depuis l'origine du monde organique. L'expérience démontre en effet que les genres
et les races ont changé, dans le temps, comme ils
varient, aujourd'hui, dans l'espace, selon l'ordination
climatologique, c'est-à-dire selon les conditions de
sol, de lumière, de chaleur, d'humidité, de sécheresse, etc., constituant le milieu de leur existence.
L'expérience démontre que le règne animal d'aujour-
d'hui est le même, dans ses diversités, que celui
qu'Aristote a décrit, le même qu'avaient connu les
peuples antérieurs au peuple grec, le même que représentent les espèces fossiles comparées aux espèces
vivantes, dans leurs caractères essentiels ; et cette
fixité des types, durant les millions de siècles qui se
sont écoulés de la période secondaire à la période où
nous sommes, ne laisse point douter que les affinités
des animaux entre eux, leur ordre de succession dans
les âges du monde, et leurs dissemblances morphologiques, résultent moins de la concurrence vitale, de

la nécessité d'adaptation individuelle et de la sélection naturelle que de l'élection géogénique et de l'effet du climat. Enfin l'expérience démontre que si les races subissent l'influence des milieux et sont indéfiniment variables dans leurs caractères accidentels et secondaires, les espèces, nonobstant la variation des milieux, sont immuablement fixes dans leurs caractères essentiels et primitifs; que l'infinie variabilité de la race ne peut porter atteinte à l'immutabilité du type, parce que les modifications de celle-là sont incessamment ramenées à l'unité par ce que l'on nomme les influences ataviques, c'est-à-dire par les efforts rebelles de l'hérédité dans la génération irrégulière.

Ainsi, la diversité des espèces et la variabilité des races sont des faits correspondants à l'inuniformité des influences extérieures; ils sont l'expression des harmonies physiologiques entre les êtres et les milieux que ceux-ci habitent, et, loin que la sélection et l'hérédité puissent les altérer au fond, elles les corroborent, elles s'unissent à eux pour les perpétuer. C'est tellement vrai que même les espèces communes à tous les climats, portent le cachet de celui auquel elles appartiennent nativement.

L'influence météorologique de l'habitat agit presque sans exception sur toutes les branches de la zoologie et de la botanique, dans la domesticité comme dans la nature libre. Et, quoi que l'on en ait dit, l'homme, considéré au point de vue de l'ethnologie, offre, peut-être, l'exemple le plus frappant de cette adaptation par la loi du climat.

L'espèce humaine, en effet, est éparpillée, par toute la terre, en rameaux si dissemblables qu'il paraît impossible, à première vue, d'attribuer une même origine à toutes ces races si différentes physiquement. En présence de ce bariolage criard, on hésite et on répugne à comprendre, dans une même généalogie, toutes ces conformations et toutes ces nuances disparates, qui vont d'un extrême à l'autre, du laid au beau, du blanc au noir, de la faiblesse malingre à la force robuste. Pourtant la consanguinité des diverses races d'hommes, tour à tour affirmée ou niée, ne peut être sérieusement mise en doute, puisque, se révélant par les conséquences fécondes de la génération mélangée, elle est une vérité depuis longtemps constatée par l'expérience.

S'il est vrai que l'homme ait existé avant la formation des zones climatologiques, il est probable que les premières races humaines, venues alors qu'une température très-élevée régnait uniformément sur toute l'étendue du globe, ont eu une exacte conformité avec celles qui sont aujourd'hui reléguées dans les régions tropicales. Le prognathisme, la brachycéphalie, la dolichocéphalie, la mésocéphalie, n'ont pas dû être, en principe, les effets de causes locales, imprimant un caractère particulier à la peuplade d'une contrée ; ils ont dû se produire partout simultanément ou successivement, sous l'empire de causes universelles, c'est-à-dire sous l'empire des mêmes causes qui avaient façonné, à une climature unique, les animaux et les plantes des premiers âges de la terre.

Mais, pourra-t-on faire observer, il n'est pas constaté, tant s'en faut, que l'apparition de l'homme soit un fait antérieur aux dépôts quaternaires, et dès lors il n'est pas certain que l'uniformité de la température ait amené le synchronisme des types humains. C'est vrai, il reste à dissiper des doutes sur l'âge de l'humanité, et toutefois la paléontologie nous fait voir que, dès le commencement de l'époque préhistorique et alors que la période glaciaire venait de modifier profondément les conditions de la vie, les hommes d'Europe, loin d'appartenir à un type général précis, relevaient encore de types divers, notamment du type nègre, lesquels ont dû coexister, puisque leurs débris sont mêlés les uns aux autres dans les sépultures de ce temps là-(1).

Dût-on objecter aussi que si des savants d'une compétence accréditée, font remonter, aux premiers temps post-diluviens, certaines sépultures mégalithiques, d'autres savants spéciaux assignent à la construction de ces monuments une date bien plus rapprochée de nous, et ce dernier avis dût-il prévaloir sur le précédent, il ne cesserait pas pour cela d'être parfaitement établi que, à une époque ou à une autre, les races humaines se sont trouvées réunies, confon-

(1) Explorations de M. Legay, à Argenteuil et à Chamont ; de M. Caix de Saint-Aymour, à Vauréal ; de M. Sauvage, à Equiben; de M. Pereira da Costa, en Portugal ; de M. Trovon, en Suède; de M. Groos, en Allemagne ; de M. Roberts et de M. Samuel Laing, en Angleterre, etc. Recherches d'autres paléontologues en Danemarck, en Russie, en Suisse, en Italie, et dont les résultats sont indiqués par M. Bourlot, dans le Bulletin de la Société d'histoire naturelle de Colmar, année 1869.

dues, dans les mêmes régions, et que leur séparation ultérieure, c'est-à-dire leur prédominance respective sur des points déterminés, s'est opérée, tout à la fois, par la lente action climatologique et par l'influence plus ou moins puissante que leur industrie a exercée au milieu d'elles.

Mais, dit-on, la couleur de la peau, la nature des cheveux, la forme du crâne, le volume du cerveau, la densité de ses éléments, le nombre de ses circonvolutions, l'étendue de l'angle facial, la longueur des mâchoires, l'accentuation ou l'effacement de l'appareil pygmental et jusqu'à la saillie du talon, présentent des caractères tellement particuliers, que ce serait montrer une complète ignorance des lois de la physiologie que de croire à la modification de ces caractères par l'influence de la température extérieure.

Ce ne sont pas, bien entendu, les transformistes qui disent cela. Eux qui admettent toutes les influences, pour faire dériver l'homme d'une monade ou d'un vibrion, sans être sûrs que cet animalcule renferme les principes de l'ossification, ne doutent point de l'action du climat, de la composition du sol, de la nature des aliments, sur l'organisme humain. Toutefois, nous ne voulons pas soutenir avec eux, ni contre eux, que le soleil et les combinaisons chimiques du terrain, peuvent faire d'un blanc un nègre ou un peau-rouge. Pour nous, il n'est nullement nécessaire de savoir quand et comment l'espèce humaine a pu se diviser en tant de branches qui ne semblent pas se relier au même tronc ; il ne s'agit pas de recourir à la philosophie pour résoudre une question de métaphysique, mais de demander à l'expérience la solution d'une question de fait.

Eh bien, l'expérience, avec une autorité indiscutable, parce qu'elle est quarante fois séculaire, a démontré que l'idée vraie de l'espèce existe, non dans le plus ou le moins de ressemblance physique qu'il peut y avoir entre plusieurs familles d'animaux ou de végétaux modelées sur le même type ; mais dans la succession normale, l'hérédité continue, indéfinie, de la forme typique, nonobstant la différence des éléments génératifs qui se croisent et se confondent dans la suite des alliances.

Tel est le principe dominant, sinon le principe unique, dans cette question de la variabilité des formes. Il s'applique à l'homme aussi bien qu'à toutes les autres créatures.

Cependant, s'il est vrai que, dans l'un et l'autre règne, l'unité spécifique se compose de familles rattachées à la même souche, par une parenté consanguine, ce n'est pas à dire que l'espèce ne comprenne que des lignées directes ou collatérales, ayant pour auteur commun, soit un même couple, soit un même genre hermaphrodite. Croire que la nature s'est d'abord animée sur un point du globe, et a ensuite rayonné de là sur tous les continents, est une idée qui se heurte à trop d'insurmontables difficultés géographiques pour que la science puisse s'y arrêter.

Pour notre part, nous préférons penser que la force

créatrice a fait éclore, partout à la fois ou successivement, des germes de vie que les milieux préexis-
tants ont développés et propagés dans la variété de
formes où nous les voyons et qu'ils avaient déjà
bien au-delà de l'époque la plus reculée de la civilisation.

Nous ne distinguons point et nous ne devinons pas
davantage quels furent les effets immédiats de cette
première effervescence organique. Nous ignorons si
l'effusion de force vitale qui s'en dégagea produisit
des ébauches nécessairement évolutives, ou bien des
organismes invariables quelque simples qu'ils fussent.
Ce que nous voyons, en fouillant dans la profondeur
des dépôts géologiques sous lesquels ce mystère se
cache, c'est, non pas que les formes de la vie se seraient, pour ainsi dire, emboîtées les unes dans les
autres, afin de s'élever de leur plus infime état à leur
plus grand perfectionnement, mais que leur essor a
procédé de l'amplification même de la cause d'où naquirent les êtres primitifs.

Et, en effet, au lieu de trouver, dans aucune des
couches de l'écorce terrestre, les traces de l'évolution qu'aurait parcourue l'élément rudimentaire, le
paléontologue cesse-t-il d'y rencontrer, de la base au
sommet, avec une abondance toujours plus considérable d'organismes ayant une structure peu éloignée
de l'ébauche, des organismes d'une supériorité de
plus en plus croissante et cependant isolés d'alentours
en voie de transformation ?

Il est impossible de repousser la croyance que

l'espèce est une, lorsque l'on a consciencieusement vérifié, d'abord, que malgré les changements survenus dans la nature ambiante, depuis le premier ouvrage de la création, les êtres inférieurs, nous ne dirons pas l'innombrable famille des molluscoïdes mais les êtres au degré le plus simple de la vie, tels que les infusoires, les foraminifères, les polypes, ont continué à existr et à se reproduire sans altération de leur forme typique ; ensuite, que les êtres supérieurs, l'homme et les animaux qu'il applique ou n'applique pas à ses besoins, se dérobent complètement à toute détermination d'origine.

Que l'on puisse rapporter la conformation de l'alligator ou du crocodile à celle de quelqu'un des sauriens de l'époque houillère, la forme de l'hippopotame vivant à celle du grand hippopotame fossile, la structure du bœuf actuel à celle du *bos primigenius*, l'ours brun ou l'ours gris à l'ours des cavernes, l'équus au paléothérium, l'éléphant d'Afrique ou d'Asie au mastodonte et même au dinothérium, l'homme blanc à l'homme rouge ou à l'homme noir, c'est probable ; mais puisque pour ces espèces, ni pour aucune des autres encore vivantes ou disparues, on ne sait, même par approximation, d'où est venu le chef de série, le premier progéniteur, n'est-on pas forcé de convenir que, si grande qu'elle soit, la différence qui sépare le genre nouveau du genre le plus ancien, n'est nullement une circonstance de nature à changer un soupçon en certitude, à faire croire que la diversification de la forme entraîne, par elle-même, la métamorphose du caractère spécifique?

Indéniable persistance du caractère individuel de l'espèce.

Lorsque remontant de l'équus à l'hipparion, de celui-ci à l'anchitérium, de ce dernier au paléothérium, nous ne cessons d'avoir, sous les yeux, un même type animal, qui a diminué de taille, modifié ses contours et ses organes locomoteurs, changé ses allures, mais qui, resté, au fond, ce qu'il était à son apparition, ne peut-être classé plus d'une fois, nous sommes bien là devant un fait qui atteste, d'une manière irréfutable, l'indestructibilité de l'essence fondamentale dans cet organisme pourtant variable.

Et ce fait n'étant pas exceptionnel, de même que l'espèce chevaline, la généralité des grandes espèces zoologiques vivantes, trouvant le point de départ de leur généalogie dans les débris fossiles qu'enfouit le tertiaire inférieur ou le tertiaire moyen, ni les folles rêveries de Lamarck, ni les conceptions tératologiques d'Étienne Geoffroy-Saint-Hilaire, ni enfin les utopies scientifiques de M. Darwin, ne sauraient lutter contre la multitude d'irrécusables témoignages qui donnent un formel démenti à toute insinuation transformiste.

Tant qu'il ressortira, de la comparaison des fossiles entre eux et des formes anciennes aux formes néolithiques, que le rhinocéros a commencé par être un rhinocéros, l'hippopotame un hippopotame, l'éléphant un éléphant, l'homme un homme, on ne sera point fondé à vouloir que la vie, primitivement renfermée dans l'infinité de l'atòme et dans l'extrême simplicité organique, soit partie de la génération spontanée telle que l'explique M. Pouchet, ou de la génération hétérogène telle que l'entend M. Pasteur pour arriver au degré de perfectionnement physiologique que comporte la procréation chez les êtres supérieurs.

Quelle logique serait celle-là qui consisterait, d'un côté, à convenir, ainsi que le fait M. de Saporta, que les animaux existants de nos jours ne diffèrent d'autres animaux qui les ont précédés, dans le quaternaire ou dans le tertiaire, que par certains caractères anatomiques impliquant des séparations de genres, mais non des distinctions d'espèces, et, d'un autre côté, à essayer de démontrer que la transformation de celles-ci est probable, quoique les genres ne paraissent pas se séparer d'elles ?

Puisqu'il est évident, aussi loin que l'on peut remonter vers les premiers âges du monde vivant, que la variation successive des genres n'a point changé et n'a pas même le moindrement effacé l'individualité de l'espèce, la seule conclusion que l'on puisse logiquement déduire de la similitude des genres actuels avec les genres éteints, c'est que les molécules intégrantes et nécessairement hétérogènes qui forment la *spécificité* d'un être animé, ne sont pas douées de la faculté de se combiner autrement pour produire un organisme d'une autre nature.

Cette indéniable persistance du caractère individuel, chez des espèces animales dont les premiers genres, que l'on connaisse, ont vécu à une époque éloignée de la nôtre par un laps de temps que l'on évalue à des millions de siècles, jette un doute sérieux sur la découverte que M. Gaudry aurait faite, parmi les fossiles, d'organismes de chiens qui tournaient à l'ours, ou d'organismes d'ours en voie de se transformer en organismes de chiens.

Les recherches doivent souvent aboutir à l'illusion et même à l'erreur, dans le domaine de l'anatomie comparée. Pour peu qu'un anatomiste soit prévenu contre la fixité de l'espèce, il devient facilement le jouet de son imagination, en comparant la structure des corps vivants à celle des corps pétrifiés, et renfermât-il les objets de son étude dans le cercle plus restreint de la vie actuelle, il n'en serait pas moins exposé à s'abuser, parce que la texture anatomique ne révèle pas toujours le caractère intime d'un animal.

On ne croira pas se tromper en assurant qu'il y a du grillon dans la sauterelle, du rossignol dans la fauvette, du lapin dans le lièvre. On ne sera pas dans l'erreur selon l'anatomie ; on y sera selon la physiologie.

Il suffit de considérer le lièvre et le lapin dans leur manière particulière de se gîter et d'abriter leur portée, pour apercevoir que ces animaux s'écartent l'un de l'autre par une notable différence d'instinct. Si la sauterelle et le grillon se ressemblent par quelques rapports physiques, ils contrastent totalement par une opposition de mœurs. Sauf la couleur du plumage, on ne saurait trouver, entre deux êtres différents par le caractère intime, plus de conformité anatomique qu'il n'y en a entre le rossignol et la fauvette. Cependant, quelle divergence dans le mode d'expression — Cabanis aurait dit : dans le mode de sécrétion — entre deux organismes si rapprochés par la forme !

La fauvette fait la chasse aux petits diptères et becquette les fruits mous, tels que la figue et l'arbouse ; le rossignol vit exclusivement de larves, de cloportes et de petits vers ; l'une vague, sémillante et familière, presque sous les pas de l'homme, dans les lieux peu couverts de verdure, jette au soleil le cliquetis de ses notes gazouillées et dépose sa nichée dans le moindre branchage, quelquefois au milieu d'une touffe de rosier touchant à une habitation ; l'autre, fuyant le bruit autant que l'éclat du jour, ne se montre guère au dehors des épais ombrages où il va chercher la solitude, une demi obscurité et la fraîcheur.

Si, pendant que sa femelle couve sous une mince feuillée, le mâle de la fauvette voltige en pleine lumière, susurrant sa chanson d'amour, au contraire, le mâle du rossignol, perchant immobile, dans l'inté-rieur de la futaie où sa femelle a caché son nid, chante encore plus la nuit que le jour, comme s'il n'ignorait pas combien le silence ajoute de charme à la mélodie de ses accents.

Évidemment, quoique très-près l'un de l'autre, sous le rapport de la conformation, le rossignol et la fauvette ne sont pas des oiseaux du même genre, sous le rapport spécifique. La distance qui les sépare physiologiquement serait d'ailleurs indiquée par l'extrême différence de leur larynx, s'il n'existait entre eux tant d'autres dissemblances non moins frappantes que celle-là.

Mettons qu'après s'être livré à une habile dissection de cadavres de ces aimables chanteurs, un anatomiste vienne déclarer que la fauvette est rossignol dans les quatre-vingt-dix-neuf centièmes de son organisation, qu'est-ce que cela pourra signifier, sinon que l'unité du principe organique ne comporte pas absolument l'unité des éléments physiologiques?

Pourtant, si l'on y tient, mettons aussi que M. Gaudry, infaillible à reconnaître les traits moraux des espèces connues seulement par leurs restes fossiles, pourrait dire avec une égale certitude, comment et dans quelle mesure, les membres de la nombreuse famille des ruminants, à partir du bouquetin, se relient les uns aux autres. Suivrait-il forcément, de ces indications, que chaque genre de ruminants doit être une modification de celui qui apparut le premier, et, dans le cas de l'affirmative, le problème général de la transformation serait-il heureusement résolu? En d'autres termes, de la preuve que l'ordre des ruminants se serait formé par la diversification d'un seul et même type, découlerait-il une preuve de l'évolution physique et morale sans laquelle la doctrine transformiste risquerait beaucoup de n'être qu'un tissu de rêves creux?

Non, ce nous semble, parceque la perfection organique n'est pas moindre chez le plus faible que chez
le plus fort des ruminants. Dans ce groupe d'herbivores, non plus d'ailleurs que dans aucun autre
groupe zoologique, les plus grands ne l'emportent
pas sur les plus petits, quant à l'achèvement et à la
fonction des organes dont ils sont respectivement
dotés, en vue de résultats spéciaux qui ne souffrent
point à être comparés les uns aux autres.

Du reste, lorsqu'il est avéré que les animaux et les
végétaux de nos jours, sont les équivalents spécifiques des animaux et des végétaux des âges passés ;
quand, à l'aide de la géologie et des documents paléontologiques, nous reportant jusque vers l'époque où
le sol commençait à se séparer des eaux, nous constatons que la nature a procédé, par un gigantisme
relatif, à la formation primitive de la faune et de la
flore terrestres, et que la permanence des types a
précisément ses bases dans les terrains inférieurs, il
n'est pas permis de soutenir cette malsaine théorie de
la présomption que la vie étant par elle-même, la
diversité de ses formes et de ses instincts, provient,
non de différences dans la nature des êtres, mais de
différences dans leur degré de développement. S'il
est établi en fait, et nous le croyons démontré, que
la nature des êtres ne change pas, le fait ruine la
théorie.

Quoi qu'il en soit, que le monde organique ait commencé d'une manière ou d'une autre, sur un seul
point ou sur tous les points en même temps, qu'il se

soit diversifié spontanément ou par une gradation
ascendante de la production inférieure à la production
supérieure, il n'en est pas moins très-évident que
l'espèce a été, sinon dès l'origine, du moins dès les
premières assises de la surface terrestre, si fortement
constituée qu'elle n'a jamais souffert, depuis lors, ni
intrusion, ni désertion. Les races asservies à l'homme
se sont, par le fait de celui-ci, multipliées et variées
à l'infini ; mais, ni dans la mammalogie, ni dans l'ornithologie, ni dans la botanique, ni nulle part, dans le
vaste domaine de la vie organisée, n'est apparue une
espèce nouvelle. Ainsi échappe, au transformisme, la
seule chance qu'il eût, non pas d'être véridique, mais
de paraître tel.

Bien plus, la domestication de certaines espèces
animales, que l'on croit être une œuvre de l'homme,
est, à n'en pas douter, sinon l'ouvrage même de la
nature, au moins la suite d'une de ces lointaines prévisions que la conscience humaine rencontre, partout,
dans le spectacle de la vie universelle, une de ces
prévisions dont le secret, comme les ressorts, se
trouve dans une expresse combinaison des substances organisables.

Mode probable de combinaison organique, chez les animaux et
les plantes. Fixité de l'aptitude à la domesticité.

La supposition que les animaux d'une même famille,
qu'ils soient sauvages ou domestiques, descendent les

uns des autres, ne saurait être soutenue qu'à la condition d'admettre, pour tout le groupe, la même composition organique, le même caractère intime et, par suite, les mêmes inclinations. On ne le peut ; on est, au contraire, forcé de convenir que si quelques ruminants sont domesticables, les autres ne le sont pas ; que le chat est le seul des félins qui se prête à la domestication ; qu'il n'est qu'un petit nombre de rongeurs qui la subissent ; que les pachydermes qui y sont propres sont moins nombreux que ceux qui s'y soustraient, et que, dans les rares familles ornithologiques qui n'y sont pas rebelles, il n'est que quelques genres qui s'en accomodent réellement.

C'est, comme nous l'avons dit, parce que les êtres vivants, ainsi que les corps bruts, sont, chacun selon son espèce, composés d'éléments spéciaux ; en d'autres termes, c'est parce que les produits du règne organique sont, ainsi que ceux du règne inorganique, formés de combinaisons associant diversement la nature et la quantité des molécules d'où résulte l'espèce, le genre ou la race.

De même que la variété des métaux et des corps chimiques procède purement de combinaisons proportionnelles déterminant, sur une base immuable, la nature de ces corps, leurs rapports communs, leurs caractères géométriques, leurs propriétés physiques, de même la diversité des êtres animés, sur la base d'une composition univoque, tient à la proportionalité et au mode de groupement de leurs molécules organiques.

Nou s le redisons, dans la chimie naturelle, il n'est pas un composé dont l'existence soit le résultat de la transformation d'un autre composé, pas un corps simple qui dérive d'un autre corps simple. Tout se fait là directement par l'agencement moléculaire; rien n'y change d'essence, même par la dissociation ou la dissolution. Et puisque c'est le système dans la nature, inanimée, ce doit être aussi le système dans la nature vivante, parce que, selon toute apparence, celle-ci est née de celle-là et que les lois qui gouvernent la vie sont, dans leur spécialité, de même sorte que celles qui régissent la matière. Ce sont les mêmes lois fondamentales, appliquées sous des modes différents, qui président à l'avènement des choses dans le domaine entier de la nature. Au point de vue exclusivement physique, la production des corps vivants n'est qu'une imitation de la formation des corps bruts.

Assurément, les lois qui règlent l'agencement organique ont des rapports d'analogie avec celles d'où résulte la combinaison inorganique, et cette analogie de rapports dans les actions, doit aussi exister dans les effets. Il est évident, pour nous, que les propriétés physiques des éléments dont se composent les corps bruts et les propriétés physiologiques des tissus dont se forment les corps vivants, sont des phénomènes amenés par une parfaite identité de principes agissant sur des matériaux différemment élaborés. Et puisque les substances de l'ordre inorganique sont toutes douées de propriétés qui leur sont inhérentes, de propriétés immanentes, spécifiques, il n'est pas probable qu'il en soit autrement des substances mises en œuvre, par l'intellligence créatrice, dans l'ordre de la vie.

Cependant, selon M. Darwin et les admirateurs de sa doctrine, l'homme lui-même, moralement si au dessus de l'animalité, serait passé par la brute et n'aurait pu arriver au degré intellectuel qu'il avait acquis à la période historique, qu'à travers une longue série de perfectionnements physiques qui auraient formé sa conscience et fait surgir son intelligence. Certainement, la science n'est venue qu'à la suite de l'homme ; mais s'il n'est pas né savant, il était, dès sa naissance, doué de l'aptitude à le devenir. Qu'importe que M. Darwin soit d'un autre avis ? L'opinion de ce naturaliste-philosophe, qui rattache complaisamment sa généalogie à celle du singe, n'est pas plus fondée que la tradition d'après laquelle on a cru, jusqu'ici, que l'humanité était une création indépendante de la bestialité.

Pour sûr, ce que l'on sait, aujourd'hui, de la création, ne dépasse pas les limites de ce qu'en avaient appris, aux Hébreux, ces trois versets de la Genèse :

« XII. — La terre produisit de l'herbe verte qui « portait de la graine selon son espèce, et des arbres « fruitiers qui renfermaient leur semence en eux« mêmes, chacun selon son espèce...

« XXI. — Dieu créa les grands poissons et tous « les animaux qui ont la vie et le mouvement, que les « eaux produisirent chacun selon son espèce, et il

« créa aussi tous les oiseaux, chacun selon son
« espèce...

« XXV. — Dieu fit les bêtes sauvages de la terre
« selon leurs espèces, les animaux domestiques et
« tous les reptiles, chacun selon son espèce... »

Mais, pourra-t-on objecter, ces spécifications,
énoncées dans une forme peu méthodique et d'une
extrême simplicité, ne laissent pas penser que l'auteur de la Genèse fût un savant naturaliste. Si elles
sont vraies, il n'importerait point qu'elles ne fussent
que l'expression des idées qu'avait le vulgaire, sur
l'organisation du monde vivant, à l'époque où fut
écrit le premier libre de la Bible.

Moïse, à le considérer seulement comme législateur, et ici nous ne lui reconnaissons que ce caractère, a bien pu ne croire à la fixité de l'espèce que
parce que c'était la croyance en Égypte, où il avait
été instruit ; mais ce n'est pas à dire que cette
croyance ne fût pas raisonnée, chez les Égyptiens.
L'histoire naturelle n'a pu être une science inconnue
de ce peuple, alors à l'apogée de sa brillante civilisation. La paléontologie même, dont on fait une
science toute nouvelle, avait peut-être, dans ce temps-
là, déjà livré une partie de ses secrets aux constructeurs des travaux souterrains dont le sol de l'Égypte
est comme criblé. Quoi qu'il en soit, les déterminations spécifiques de la Genèse, paraissent empreintes
de vérité jusque dans la séparation qui y est faite des
animaux domestiques et des animaux sauvages.

Pour les Égyptiens, et après eux, pour les Juifs,

non-seulement les êtres organisés étaient distincts entre eux et se produisaient chacun selon son espèce, mais encore les espèces d'animaux domestiques constituaient des créations indépendantes similaires d'animaux sauvages : la domestication des premiers n'était pas le fait de l'homme ; elle était la conséquence d'une appropriation naturelle qui les mettait sous la pleine dépendance de la créature privilégiée.

Et, en effet, les animaux que l'homme asservit de nos jours, qu'il groupe et fait multiplier, autour de lui, soit pour en manger la chair, soit pour les appliquer à ses pratiques industrielles ou à des usages accessoires, sont les mêmes dont les débris se mêlent abondamment aux siens, dans les restes fossiles de l'âge où il a fait son apparition.

C'est surtout dans les eaux, dans les mers principalement que se manifeste l'inaltérabilité du principe physiologique qui enchaîne les êtres vivants à leur adaptation originelle. Très-peu des hôtes des eaux douces sont susceptibles de domestication, et, parmi les produits des océans, il n'est rien que l'industrie humaine ait réussi à détourner de la vie sauvage. Voir le volume que nous avons publié sur la pisciculture (1).

« Pourquoi, demande M. Dumas, dans son éloge d'Isidore Geoffroy Saint-Hilaire, devant l'Académie des sciences, pourquoi l'homme a-t-il soumis plus

(1) *L'industrie des eaux salées.* Challamel, Paris, 1869.

aisément les animaux qui ont une température propre, qui sont précoces, sociables, qui vivent de végétaux ? C'est, répond-il à sa question, parce qu'ils résistent mieux aux changements de saison ou de climat, qu'ils peuvent marcher et s'alimenter dès la naissance, que leur instinct les ramène vers l'habitation, au lieu de les en éloigner, et qu'ils sont plus faciles à nourrir. »

Cette explication de l'aptitude à la domesticité est évidemment insuffisante. Ce n'est pas parceque le lièvre n'a pas une température propre, ni moins de précocité, d'instinct du logis et de sociabilité que le lapin, ni parce qu'il est moins facile à nourrir que ce dernier, qu'il n'a pas été domestiqué. Il est tant de ruminants et de rongeurs restés sauvages, quoiqu'ils diffèrent peu, sous les mêmes rapports de leurs congénères domestiques, tant d'oiseaux qui ressembleraient à la poule ou au canard, si ce n'était qu'ils volent, tandis que ceux-ci ne volent pas, qu'il est impossible que la vocation à la domesticité ne soit pas déterminée par d'autres causes que celles qui sont indiquées par l'éloquent et savant secrétaire perpétuel de la docte compagnie.

Si la sujétion de la plupart de nos animaux domestiques remonte aux époques les plus reculées de l'histoire, et si l'on est réellement embarrassé d'affirmer qu'ils ont été conquis par l'homme ou qu'ils l'ont eux-mêmes choisi pour leur maître, c'est qu'ici, tout comme dans le mystère de la fixité de l'espèce, on se trouve en présence d'un dessein exprès de cette direction des choses, que l'on peut nier, mais qui se montre partout ; c'est que entre l'âne et le zèbre, le chat et le tigre, la poule et la perdrix, entre tel animal et tel autre de la même famille conventionnelle, l'un domesticable et l'autre non, il existe des dissemblances formelles que nous devinons à leurs résultats, mais, dont personne ne saurait indiquer le mécanisme.

Tout ce qu'il y a d'espèces domesticables semblent avoir été domestiquées avant même que leur maître se fût dépouillé de sa propre sauvagerie. Cela n'indique-t-il pas qu'une certaine combinaison organique, dont les éléments échappent au discernement de l'homme, fait plus que les efforts de celui-ci pour lui assurer la possession discrétionnaire d'une partie des espèces ou des races animales ?

Si son influence s'étendait sur toutes les espèces, si ce n'était qu'il ne dispose réellement que de celles qui sont domestiques de leur nature, il n'eût pas constamment échoué dans ses tentatives de former, pour les tenir à la portée de sa main, des troupeaux de tous les genres de ruminants dont il recherche la chair, le cuir, les appendices cornés, la toison ; des espèces de rongeurs dont la fourrure lui est si utile ; de l'infinie variété des gallinacées dont il est si friand, et de tant d'autres animaux, mammifères, oiseaux, poissons ou insectes, qui contribuent à ses capricieuses jouissances ou à la satisfaction de ses besoins plus réels.

L'aptitude à la domesticité a ceci de caractéristique qu'elle est inaltérable, indéviable, chez les genres et

les races qui la possèdent. On peut rendre et re-
prendre ensuite, à la nature sauvage, le cheval, le
bœuf, le chien, le chat, les oiseaux de basse-cour et,
en général, les animaux domestiques quelconques.
Leur éloignement plus ou moins prolongé de la domesticité, leurs croisements libres, ni le nombre des
générations qui s'ensuivent, ne changent, ni n'affai-
blissent leur appropriation à la vie captive, ou mieux
la combinaison probablement physiologique d'où découle leur sociabilité, la malléabilité de leur caractère, et qui fait que l'art est bien plus que la nature
le moyen de varier les races.

Tout ce que l'on peut dire avec certitude, à cet
égard, c'est que les animaux doués de la vocation domestique se reconnaissent à ce signe infaillible qu'ils ne
perdent point, dans la captivité, fût-elle suivie d'un
changement de climat, la faculté de procréation, et
c'est, de plus que la fixité de leur appropriation à
la vie captive, un fait qui n'est pas sans importance pour la doctrine de l'immutabilité.

Ainsi l'espèce est fixe, non-seulement dans son
caractère individuel, mais encore dans son appropriation particulière à la liberté ou à la domesticité.

Voyons, à présent, si les variations dans la race
seraient de nature à excuser la méprise d'où est née
la doctrine de la réformation des organismes par des
causes secondaires moins actives que passives et auxquelles, ce nous semble, le plan suprême a plutôt
dévolu un rôle conservateur qu'une action transformatrice.

QUATRIÈME PARTIE

VARIABILITÉ

DE LA RACE

La famille, le genre, la race et la variété.

Voyons, d'abord, s'il est possible de préciser les caractères de l'individualité immutable, non dans le but de faire la critique d'aucun des principes admis en histoire naturelle, mais afin de démontrer cette vérité que, si les espèces se touchent par des ressemblances anatomiques générales, elles diffèrent et s'éloignent, les unes des autres, par des contrastes d'instincts et de mœurs qui ne laissent point douter de l'originalité propre à chacune d'elles. Virey a écrit: « La forme est le caractère essentiel des espèces « organisées. »

C'est trop absolu : à preuve l'espèce humaine, l'espèce chevaline, l'espèce canine et tant d'autres, toutes trop variées de formes et, cependant, trop invariables au fond, pour que l'on puisse affirmer que le caractère spécifique réside essentiellement dans la forme,

Il n'est guère plus exact de définir l'espèce, une collection d'individus semblables par la forme externe et par la structure interne. Nous l'avons mis en évidence, dans la troisième partie de cet ouvrage, entre deux organismes d'animaux ou de plantes qui paraissent conformés de la même manière, à l'intérieur et à l'extérieur, il est bien souvent des différences physiologiques qui ne se saisissent pas à la dissection. C'est fréquent, non-seulement chez les mammifères et les oiseaux, mais aussi chez les reptiles, les poissons et les insectes.

On est davantage dans le vrai, en disant que l'espèce est une collection d'individus se ressemblant par le plus grand nombre de rapports physiques et de rapports moraux, et qui, nés les uns des autres, par génération directe, sont virtuellement fertiles et peuvent produire des individus semblables à eux, au moins par un ou plusieurs caractères principaux.

Cette définition serait, à la fois, celle de l'espèce et celle de la famille, si les classificateurs, dans l'application qu'ils en font, n'oubliaient trop fréquemment de s'assurer que les rapports moraux des sujets comparés concordent avec leur identité de forme et de structure.

Qu'il s'agisse de la collectivité ou de l'individualité spécifique, c'est-à-dire de la famille ou de l'espèce elle-même, ce que l'on doit entendre par les caractères principaux existe moins, en effet, pour les animaux, dans la ressemblance physique que dans la ressemblance morale, et, pour les végétaux, dans la conformité structurale que dans la conformité fructifère.

Ainsi pensait probablement Cuvier, lorsqu'il disait : « L'espèce est la réunion des individus descendus les uns des autres ou de parents communs, qui se ressemblaient autant qu'ils se ressemblent entre eux. » Dans tous les cas, le caractère spécifique ne gît pas exclusivement « dans une forme distincte et immuable, transmise par génération », l'espèce n'est pas une entité toujours semblable à elle-même, si ce n'est par les traits moraux, par le mécanisme physiologique, dont on n'aperçoit que les résultats.

L'analogie d'organisation de quelque partie importante du corps, comme les dents, chez les mammifères, le bec ou les serres, chez les oiseaux, les membres et les téguments, chez les reptiles, les nageoires et la tête, chez les poissons, les ailes, chez les insectes, la fleur, chez les végétaux, peut aider à former des familles de convention, mais ne fournit pas sûrement le moyen de reconnaître les familles naturelles. Il y a quelquefois bien loin des unes aux autres, dans les classifications établies.

La classe et l'ordre sont toujours faciles à fixer par l'analogie d'organisation : on est là en présence de caractères généraux qui ne peuvent échapper au discernement du naturaliste. Où il commence à faire confusion, s'il ne prend garde aux indices intimes, c'est dans la formation de la famille, c'est-à-dire dans la réunion des espèces ayant entre elles une ressemblance plus rapprochée, mais souvent encore trèsindirecte, autant sous le rapport de la conformation extérieure que par les traits moraux. Il voit s'accroître les difficultés du classement naturel, lorsqu'il essaie de détacher la famille de l'ordre, et surtout lorsqu'il veut distinguer l'espèce de la famille, le genre de l'espèce, la race du genre.

Qu'est-ce que la famille ? Qu'est-ce que le genre ? Qu'est-ce que la race ?

D'après le vocabulaire de l'Académie, la famille serait un « assemblage de plusieurs genres ou *espèces* qui ont entre eux un grand nombre de rapports. » C'est bien vague, bien incertain, bien élastique ; autant vaudrait supprimer plusieurs des plus utiles divisions de l'histoire naturelle. Déjà, dans l'ordre et même dans la classe, les espèces se rapprochent par tant de caractères qui leur sont communs, que la définition du vocabulaire peut tout aussi bien s'appliquer à l'ordre qu'à la famille, à l'espèce et au genre.

D'un autre côté, les naturalistes ne sont pas parfaitement d'accord sur les limites de la collectivité spécifique ; ainsi qu'au vocabuliste, il leur arrive de confondre le genre avec l'espèce et de donner à l'un une extension qui n'appartient qu'à l'autre. De là, la méprise qui a fait passer plus d'un zoologue et plus d'un botaniste parmi les philosophes partisans de la transformation.

Ce qu'il est naturel de comprendre sous la désignation de famille, c'est la collection spéciale des genres d'animaux ou de plantes qui, ayant une arrière-filiation commune, ont aussi la même vocation, c'est-à-dire les mêmes habitudes, la même manière d'être, et qui, en outre, malgré leur diversité de formes, ne cessant point d'être semblables par le groupement moléculaire des éléments dont ils sont faits, ainsi que par leurs caractères physiologiques, peuvent procréer entre eux, sans que leurs produits soient jamais atteints d'hybridité.

D'Aristote à Pline, de Pline à Buffon et à Cuvier, on n'avait pas autrement compris ni la famille zoologique, ni la famille botanique. C'est ainsi encore, croyons-nous, qu'elles sont entendues, de nos jours, par M. de Quatrefages, par tous les naturalistes méfiants des suggestions transformistes et pour lesquels, en matière de choses qui tombent sous les sens, il ne peut y avoir d'autre vérité que la vérité expérimentale.

Avérée par la pratique comme par la paléontologie, la formation de la famille ou, pour dire mieux, la diversification de l'espèce, d'abord, par l'habitat, et, ensuite, par le croisement, est un fait aussi complétement hors de doute que la continuité indéfinie de la capacité générative, entre toutes les divergences vraies d'un même type, quelle que soit l'intensité des modifications physiques que leur ont imprimées et le climat et leur généalogie. Dès lors, les appellations *espèce* et *famille* devraient avoir la même signification; toutefois, on a dû, par convention, les employer différemment pour désigner, la première, l'unité spécifique, la deuxième, l'ensemble des êtres qui sont ou paraissent être des extractions de la souche fondamentale de l'espèce.

Dans la famille conventionelle, le genre est comme l'espèce, une division typique. Ainsi, les chevaux, les ânes, l'hémione, le zèbre, sont des genres différents d'une même série ou famille, dans le groupe des pachydermes; l'amandier, le pêcher, l'abricotier, le prunier, sont des genres différents d'une même série de végétaux dicotylédonés. Dans la famille naturelle telle que nous la concevons généalogiquement, le genre est renfermé dans l'espèce; il en est une extraction le plus souvent géographique, quelquefois amenée par un croisement de genres dissemblables. Ainsi tous les genres de chiens ou de chevaux, tous les genres de poules ou de pigeons, appartiennent, chacun dans son groupe, à la même famille naturelle. En un mot, dans la famille naturelle, le genre ne peut être, pour ainsi dire, qu'une première race.

Compris de cette façon, le genre n'est pas seulement une diversité caractéristique du type primitif, une variante du même patron; eu égard à sa propre variabilité, il semble être comme une autre espèce dans l'espèce. Différent de ses congénères, par les traits physiques, il n'est ni plus, ni moins qu'eux, pourvu de l'essentialité spéciale qui caractérisait la souche-mère, et, soit qu'il demeure dans sa première variation, soit qu'il s'épande en variations nouvelles, ne perd rien de ses affinités morales avec le type dont il procède, ni avec les groupes qui, ainsi que lui, se sont écartés de ce type.

Effet consécutif des causes ambiantes qui l'ont

extrait de la forme primordiale, le genre participe, à certain degré, de la fixité spécifique, mais dans la nature libre seulement et sur des espaces climatologiquement déterminés. A preuve, dans les âges passés, l'immense durée de la période qu'ont traversée divers genres de didelphes et de monodelphes, de rongeurs, de pachydermes et de ruminants, et, dans l'âge présent, la haute antiquité de l'homme blanc, de l'homme jaune et de l'homme noir, ainsi que de tant d'animaux restés semblables à ceux dont les débris sont mêlés à des débris humains, dans les terrains de la période préhistorique. A preuve encore que les végétaux actuels, en majeure partie, offrent des exemples de genres d'une ancienneté incalculable, attestée qu'elle est par la pétrification de fruits ou de fleurs de ces genres de plantes, dans les couches antédiluviennes.

Si l'immobilité de l'espèce paraît dépendre de la biologie générale, la durée du genre semble relever des conditions biologiques particulières à une région. Donc le genre, toujours reconnaissable à la persistance de ses caractères régionaux, tels que la couleur de la peau et la différence de diverses parties du squelette, dans la famille humaine, résulterait, en principe, d'une appropriation cantonale des organismes. De même que la multiplicité des espèces est, à n'en pas douter, la conséquence de la diversité des combinaisons physiologiques d'où découle leur originalité, de même la modification des types spécifiques aurait pour cause première, ce semble, la variété des climats.

Dans la permanence d'une température uniforme, l'espèce n'eût subi aucun changement. Avec une climature variée, l'espèce, soumise à des influences différentes, a dû revêtir des aspects presque aussi divers qu'il y a de divisions climatologiques. Telle est la base du genre, et voilà pourquoi il est doué d'une fixité relative dans son habitat.

S'il est apparent que le genre s'est constitué par la localisation de l'espèce, il est encore plus visible que, à son origine, la race a dû être ou le produit de deux genres croisés, ou la conséquence d'une déviation organique ou morphologique, amenée par l'acclimatation, chez des individus expatriés. Quoi qu'il en soit, la race se distingue des produits ordinaires des genres ou du genre dont elle provient, par des caractères qui, lui étant pour ainsi dire personnels, passent et se conservent héréditairement, dans la lignée, aussi longtemps qu'elle est préservée d'alliance étrangère.

Du contact des races entre elles, surgissent des races nouvelles ou tout au moins des variétés qui s'empruntent réciproquement quelque chose de leurs contours, de leur galbe, de leurs qualités ou de leurs défauts. La race peut être un perfectionnement du genre ; cela se voit par la supériorité de certaines races, dans chacun des cinq grands types humains, ainsi que dans la plupart des familles d'animaux et de plantes domestiques. La variété n'a pas de caractère accentué qui lui soit propre ; elle n'est qu'un passager caprice de la génération et porte seulement le cachet d'une légère fluctuation de la race. A peine connues dans l'état sauvage, surtout parmi les animaux, la race et la variété sont si fréquentes dans la domesticité, principalement parmi les plantes, que l'espèce en acquiert cette trompeuse apparence de changement essentiel invoquée, par les transformistes, comme un indice certain de la formation graduelle, anneau par anneau, de la chaîne de la nature vivante.

Ainsi, résumée dans l'espèce, la famille naturelle est la réunion de tous les genres, de toutes les races et de toutes les variétés issus d'une même composition organique, et qui, pour avoir été plus ou moins modifiés, ici par le climat, là par le croisement, ailleurs par l'action combinée de ces deux influences, n'ont rien perdu de leur homogénéité et demeurent toujours homologues par tous leurs côtés intimes. Sous ce double rapport, leur similitude reste telle que l'alliance la plus inassortie et la plus choquante, entre des collatéraux disparates, par la taille, par la structure ou par la couleur, n'est pas suivie d'infertilité. Il peut y avoir métissage, il n'y a jamais hybridité en pareille occurence.

Accouplons un chien-basset avec un chien-caniche, un pigeon-biset avec un pigeon-ramier, la tourterelle grise d'Europe avec la tourterelle brune d'Égypte, il sortira de ces unions des métis et non des hybrides. Mais si nous accouplons le lapin avec le lièvre, n'importe quel genre de pigeon avec n'importe quel genre de tourterelle, les produits de ces derniers mariages seront frappés d'hybridité, parce que le lapin et le lièvre, la tourterelle et le pigeon, ne proviennent pas des mêmes souches spécifiques.

Que les mutations de l'espèce, en races douées de certaines formes ou de certaines qualités, doivent être considérées comme de précieux perfectionnements par rapport aux intérêts de l'homme, cela n'a pas à être discuté ; mais est-il probable que la production d'une race bovine replette, d'une race ovine couverte d'une toison plus épaisse, plus longue ou plus soyeuse que cela ne s'était vu, d'une race végétale portant des fruits ou des fleurs d'un volume extraordinaire, d'une saveur ou d'un parfum jusque-là inconnu, soient des progrès réels et nécessaires dans le système de la nature ?

Pas un physiologiste n'oserait l'affirmer, par la raison que la perfection des formes, surtout chez les végétaux, amène toujours l'affaiblissement, et quelquefois la perte totale, de la puissance générative.

Cependant, pour arguer des mutations de l'espèce à l'avantage de l'une des doctrines transformistes, de la plus ancienne ou de la plus nouvelle, comme l'on voudra, il faudrait se trouver en mesure de prouver que l'amplification du parenchyme, dans un fruit ou dans une racine, l'abondance de la chair ou du poil, chez un animal, sont des signes non équivoques du progrès de la composition organique. Non-seulement il y aurait à démontrer cela, mais encore, en établis-sant que les races dont nous faisons plus de cas que des autres, sont, en réalité, chacune l'expression d'un perfectionnement de la famille, il faudrait pouvoir assu-rer que pareille progression a présidé à la formation de l'ordre et qu'il se compose de familles parentes.

Aucun des grands naturalistes modernes, pas plus Buffon que Linné, pas plus Cuvier que Lacépède ou Jussieu, n'a entendu que l'objet de l'ordre fût de pré-senter une réunion de groupes congénères, c'est-à-dire de familles sorties, par dérivation, d'un même type animal ou végétal. La science exacte avait, dès longtemps, reconnu l'existence de rapports d'analo-gie, de symétrie et d'harmonie, entre les ordres et entre les classes ; c'est la philosophie matérialiste qui a imaginé gratuitement la chaîne généalogique des êtres.

L'analogie de forme et de structure, que les clas-sificateurs ont prise pour base de l'ordre, n'est con-sidérée, en histoire naturelle, excepté peut être pour la famille, que comme un pur effet de la convergence de la matière organique vers l'unité de composition. Si la famille est ou devrait être une réunion de pa-rents, l'ordre est seulement un assemblage d'espèces conformes entre elles par plusieurs de leurs dehors, sinon par leurs côtés moraux. Ici, il ne peut s'agir de parenté ; il ne s'agit plus que de voisinage dans les conditions et dans quelques-unes des fonctions de la vie.

Dans les ordres où ils sont compris, l'éléphant et le rhinocéros, le bœuf et le mouton, la girafe et le chameau, le tigre et le chat, l'écureuil et le castor, le corbeau et le geai, le genévrier et le sapin, le blé et le chiendent, sont des voisins, mais ne sont pas des parents. Le contraire n'est soutenu que par les auteurs et par les enthousiastes de conceptions scientifiques de la nature.

Eux seuls regardent comme un indice de parenté, la similitude d'organes et de configuration qui rapproche, les uns des autres, des groupes prétendus congénères, parce qu'ils se rangent dans la même division de l'un des deux règnes.

C'est logique au principe reposant sur la proposition du perfectionnement des organismes par voie de transformation progressive, mais c'est en contradiction flagrante avec la différence spécifique, quelquefois extrême, qui ressort de la comparaison des familles que leur parité de formes a fait assimiler.

Ce défaut de liaison assez sensible chez les vertébrés vivipares — pachydermes, ruminants, rongeurs — l'est davantage chez les vertébrés ovipares — oiseaux, poissons, reptiles — et l'est encore plus parmi les insectes, — diptères, coléoptères, etc.

Précisons notre pensée par un exemple. Voici une série de poissons acanthoptérygiens très-connus, les uns par leur abondance, les autres par la qualité de leur chair, et qui, parce qu'ils se ressemblent physiquement, ont été compris dans le même groupe, sous le nom générique de sparoïdes.

Ce sont les poissons ayant la forme plus ou moins ovoïde, le palais dénué de dents, le corps couvert d'écailles plus ou moins grandes, le museau plutôt effacé que saillant, les os de la tête incaverneux, le préopercule sans dentelure, l'opercule sans épines, le pylore avec des appendices cœcals, six rayons au plus aux branchies, et qui ne diffèrent considérablement, les uns des autres, que par la denture, les habitudes et le régime nutritif.

On ne fait qu'une seule famille conventionnelle de tous ces animaux. A notre avis, ils forment plusieurs familles naturelles très-opposées, soit par leur manière de vaguer ou de se nourrir, soit par les organes d'où résultent leur force ou leur faiblesse, la férocité ou la douceur de leurs instincts.

Il y a analogie d'ossature et de mœurs entre les pagres (*pagrus vulgaris, pagrus orphus*) et les pageaux (*pagellus centrodontus, pagellus raveo, pagellus besugo, pagellus acarne*), tous habitants ordinaires des profondeurs madréporiques ou sablonneuses et grands mangeurs de chevrettes, de petits mollusques, de gravettes, etc. ; mais il n'existe qu'une légère ressemblance extérieure entre ces spares à l'organe buccal faiblement armé et les spares pourvus de puissantes mâchoires, comme l'aurade (*sparus aurata*), qui broie certains testacés et déchire des zoophytes très-durs, et aussi comme les sargues (*sargus vulgaris, sargus vetula, sargus salvieri, sargus cantharus, sargus sparulus*), incessants fouilleurs des herbiers et des fonds rocailleux, près des côtes, où ils se nourrissent d'insectes marins, de larves, de crustacés, de petits coquillages et broutent les mousses.

Rien, non plus, si ce n'est la forme générale, ne rapproche aucun de ces poissons du denté (*sparus dentex*), redoutable chasseur ayant les dents en crochets, aussi glouton que le bar (*labrax lupus*), dont il dépasse la taille et qui, ainsi que ce dernier, s'attaque à tous les poissons plus petits que lui (1).

Également, si par les contours du corps et certains caractères anatomiques, la saupe (*sparus salpa*) et l'oblade (*sparus melanurus*) ressemblent beaucoup aux sargues, elles en diffèrent, cependant, par une complexion qui exclut les habitudes carnivores de ceux-ci. La saupe, essentiellement immonde, cherche sa pâture parmi les résidus en décomposition et vit surtout de matières végétales ; l'oblade se repaît indifféremment de débris animaux ou de débris végétaux flottants aux abords des rivages rocheux.

Des espèces inoffensives, qui hument ou machonnent les détritus, ne peuvent être qu'arbitrairement assimilées à des espèces d'un tempérament agressif et féroce, comme celui du denté, de l'aurade ou des grands sargues. La manière dont les animaux se nourrissent a incontestablement une importance capitale dans la question de leur classement.

On n'a pas tenu compte de ce fait et l'on a même quelque peu négligé bien des dissemblances de

---

(1) La voracité du denté est telle que les pêcheurs provençaux ont donné le nom de ce poisson au laveret ou pousse-avant, un des engins les plus ravageurs de la pêche à la traîne.

formes, en comprenant, dans la famille des sparoïdes, la bogue, — de l'espagnol la *boga* — (*box
vulgaris*), la bogue-ravelle ou pilone (*box raveo*), ainsi
que d'autres acanthoptérygiens qui, vivant tous d'a-
nimalcules et de matières organiques en suspension
dans les eaux, semblent appliqués, avec une multitude d'espèces différentes, à purger la mer des im-
mondices que la terre y déverse. Comparer au denté,
au pagre ou au sargue, la bogue ou le pilone, la saupe
ou l'oblade est tout aussi choquant qu'il le serait de
mettre en parallèle le moineau et l'épervier, la poule
et l'aigle.

Par conséquent, nous nous trouvons réellement,
là, en présence d'une famille sans homogénéité, composée qu'elle est de genres qui ne se rattachent pas,
les uns aux autres, par ce qu'il y a de plus spécifique,
par les mœurs. C'en est de même, à peu près partout,
dans la faune marine pour la plupart des prétendus
congénères, et, à l'exception des quadrupèdes carnassiers et ruminants, il n'en est guère autrement
parmi les familles de la faune terrestre. Ici comme là,
l'idendité de l'instinct et du régime fait souvent défaut
à la concordance des formes. Et lorsqu'il est évident
que cette affinité de rapports physiologiques n'existe
pas entre les familles, il n'y a pas lieu de s'imaginer
que l'ordre représente autre chose qu'une irradiation
de coïncidences anatomiques résultant de l'unité de
composition.

Si habile que soit un transformiste, à rapporter aux
effets de la sélection naturelle et des circonstances

extérieures, les évolutions de la matière organique,
nous le mettons au défi de pouvoir attribuer plausible
ment, à ces prétendues causes modificatrices, l'extrême diversité des quinze familles dont Valenciennes
et Cuvier ont composé les divisions de l'ordre des
poissons à nageoires piquantes, auxquels Artédi avait
donné le nom d'acanthoptérygiens.

Ne serait-il pas étrange d'invoquer la sélection naturelle pour expliquer la diversification d'animaux qui
procréent par un acte génératif analogue à celui de la
reproduction des plantes? Et, quant aux causes ambiantes, outre que les milieux marins sont infiniment
moins mobiles et moins variés que les milieux terrestres, ne sait-on pas que le poisson est l'animal le
mieux doué pour se soustraire à l'influence des milieux?

Nous ne cesserons de croire que cette diversité a
son principe en elle-même, s'il n'est pas démontré
qu'il pourrait réellement exister des relations généa-
logiques entre des appropriations et des dissemblances
aussi tranchées que la gloutonnerie absolument car-
nassière des scombéroïdes, des sciénoïdes, des per-
coïdes, de quelques joues cuirassées, la voracité
moitié herbivore moitié carnivore des labroïdes, de la
plupart des sparoïdes, des gobioïdes, l'instinct inof-
fensif, omnivore ou herbivore, des ménides, des mu-
giloïdes, du *sparus talpa*, du *box*, l'humeur voyageuse
des scombres et des clupes, les habitudes plus ou
moins sédentaires des labres, de plusieurs genres de
spares, des gobies, l'exiguité du saurel (*caranx tra-*

churux) et la taille relativement gigantesque du thon
(*scomber thynnus*), la vivacité de la mendole (*sparus
mendola*) et la lourdeur de la dorée (*zeus faber*) ou de
la scorpène (*scorpœna*), le confinement particulier de
certaines espèces, la propagation générale des autres.
Évidemment toutes ces particularités se raccorde-
raient entre elles si les ordres s'engendraient l'un
l'autre, dans la classe, si les familles dont se compose
un ordre partaient toutes de la même souche.

On le voit par cet exemple, et nous pourrions en
citer presque autant que l'histoire naturelle a de divisions de la classe des vertébrés, la constitution de
l'ordre n'est pas telle que l'on puisse raisonnablement
supposer que les disparités dont il se compose découlent les unes des autres, par voie de génération.
C'est, dites-vous, pure affaire de formes et d'organes
différents que ces disparités d'où naissent tant de
contrastes harmoniques. Soit; point ne nous est
besoin de soutenir le contraire ; mais puisque vous
prétendez que cet assortiment de choses si diverses
a dû se former par les conséquences successives d'un
principe de transformation, renfermé dans les éléments de la vie et graduellement développé par la vie
même, montrez où peuvent être, dans l'ordre dont
nous venons d'indiquer la variété, les traces de la
progression organique.

Selon votre système, nous devrions trouver là une
succession de métamorphoses évolutives, marquant,
par une supériorité organique, chaque degré du mouvement. Il n'en est rien, et nous insistons sur ce

point au risque de nous répéter : la gracieuse mais faible forme de la girelle (*julis*) n'est pas inférieure organiquement à la puissante structure du germon (*thynnus alalonga*) et, sous le même rapport, la petite gobie bubotte (*gobius minutus*) ne le cède pas au maigre (*sciena aquila*), qui le croque. Si la force était plus que la délicatesse corporelle un signe de perfection, l'homme n'aurait pas raison de se placer au sommet de l'échelle des êtres, et quand les facultés mentales sont au même niveau, parmi les familles d'un même groupe d'animaux de la mer ou d'animaux de la terre, cette simultanéité de résultantes organiques d'égale valeur, proclame hautement la nullité de votre prétention.

Que ce soit chez les acanthoptérygiens ou chez les malacoptérygiens, dans tel ordre ou dans tel autre de la faune des eaux ou de la faune du sol, des familles diversement adaptées à l'existence, qui diffèrent par leur mode de locomotion ou par leur mode de vivre, mais qui sont parfaitement comparables au point de vue du progrès organique, ne pourraient avoir changé de formes que pour changer de mœurs, s'il était vrai qu'elles dérivassent les unes des autres. L'évolution ascensionnelle exige davantage, et, toutefois, il n'y a pas même cela dans les faits qui ressortent du rapprochement des espèces fossiles avec les espèces vivantes. Le cheval ne paraît pas avoir vécu de chair sous la forme de l'anchitérium ou du paléothérium, et, non moins bien qu'à lui, cette remarque s'applique à tous les mammifères herbivores ou arboricoles de nos jours, qui ont leurs similaires parmi les fossiles les plus antiques.

Pourtant la frugalité de l'herbivore a pu dériver de la voracité du glouton, comme l'intelligence, la faculté d'abstraction et les autres facultés mentales, qui sont les attributs moraux de l'espèce humaine, sont dérivées des facultés simplement instinctives de l'animal. Certainement, le cheval s'est nourri de chair, avant qu'il ne fût le paléothérium, puisque, d'après M. Roujou, ce pachyderme provient des carnassiers, qui ont amené tous les solipèdes et tous les ruminants, tandis que le monotrémisme tournait au didelphisme, puis au monodelphisme, et que par la transformation, chez les mammifères primitifs, de l'ostéoplaste, de l'appareil génital, des éléments histologiques et des organes qui avaient adapté ces animaux à leur premier régime, se constituaient les degrés supérieurs de l'embranchement des vertébrés, derniers termes des lois, apparemment temporaires, de la progression organique.

Croira qui voudra à ces changements de régime, de mœurs et de facultés mentales, par des changements anatomiques inavérés. Quant à nous, nous trouvons l'argumentation dans laquelle M. Roujou se complaît, trop chancelante, trop parsemée d'interprétations peu sûres d'elles-mêmes, pour que nous l'acceptions sans méfiance.

Après tout, et nonobstant toute difficulté physiologique, nous admettons très-bien qu'il n'y a rien d'anti-naturel dans l'hypothèse embrassant tous les vertébrés dans un système commun de parenté, par la supposition que ces êtres, se sont transformés selon un plan préétabli et d'après une loi de gradation. Nous ne disons pas que loi et transformation sont des termes contradictoires, exclusifs l'un de l'autre, que hasard et transformation sont des termes corrélatifs. Mais nous croyons que l'idée de transformation implique nécessairement l'idée de transitions marquant les phases du mouvement transformateur.

Que la mutation de l'espèce soit continue et générale, ou qu'ayant lieu sériairement, elle s'arrête à une forme supérieure et définitive, après avoir empreint, d'une succession de changements, la forme inférieure, qu'il y ait ou qu'il n'y ait pas des alternances de repos et de mouvement, le phénomène doit laisser ou avoir laissé des traces de son passage. Or, s'il est constaté que les genres les plus récents des espèces vivantes, telles que l'hippopotame, le rhinocéros, le cheval, le bœuf, le singe même, ne diffèrent pas des genres fossiles les plus anciens, sous le rapport de la spécificité, c'est-à-dire du régime nutritif, de la génération, des habitudes de la vie, il est clair que la transmission intacte de ces caractères, du plus ancien genre au plus nouveau, conduit à maintenir la permanence de l'espèce au rang des principes de la nature et à considérer le genre comme n'offrant qu'une variation de la forme extérieure, ce qui s'applique encore plus particulièrement à la race.

**Étendue de la variabilité dans l'organisme spécifique. Fausse
interprétation de ce phénomène par l'école transformiste.
Rôle de l'hérédité dans la procréation.**

Nous le répétons, la diversification des organismes,
chez les animaux et les plantes, n'a réellement, en
principe, qu'une seule cause naturelle, une cause
native et permanente ; c'est l'action du climat, dont
les effets, ainsi que nous l'avons fait voir, se montrent
dans l'aspect des plus petites divisions géographiques,
comme dans la physionomie particulière de chacune
des cinq parties du monde, mais, où qu'elle se produise, qui ne touche point au caractère spécifique et
ne va jamais au-delà d'une modification, plus ou
moins prononcée, des traits matériels de l'animal ou
du végétal.

Selon les apparences, il en est ainsi depuis les
temps les plus reculés, et c'est, aujourd'hui, si bien
connu qu'il serait oiseux d'entrer dans de longs détails ethnographiques, pour marquer les limites, partout et toujours évidentes, de cette variabilité purement extérieure.

Et, en effet, quels que soient l'habitat de l'homme,
la conformation et la couleur qu'il en a reçues,
n'est-il pas toujours, sur un point ou sur un autre
des deux hémisphères, essentiellement sociable,
omnivore, doué de la faculté de penser et d'exprimer
ses idées, et n'est-il pas également partout, à un

degré plus ou moins intelligent, le dominateur de
tout ce qui l'entoure ? Parce que les nombreuses
espèces animales dont il fait ses auxiliaires ou sa nourriture, le cheval, l'éléphant, le chameau, l'âne, le
bœuf, le chien, le chat, le lapin, la poule, le canard,
le pigeon et tant d'autres, n'ont pas, dans toutes les
contrées, la même taille, les mêmes appendices cutanés, la même couleur et les mêmes allures, ces-
sent-elles d'avoir les mêmes instincts, les mêmes
mœurs, les mêmes aptitudes ?

Quelle différence y-t-il, sous le rapport de l'espèce, entre le petit sanglier africain et le grand sanglier d'Europe, entre des perdrix ou des tourterelles qui n'ont pas le même plumage, parce qu'elles
ne sont pas nées dans la même région, entre des
lièvres nuancés diversement ou inégaux par la taille,
entre la rainette chimarrée du delta égyptien et la
rainette toute verte de nos mares ? Si tous ces animaux diffèrent corporellement, les uns des autres,
ils ne sont pas dissemblables au dedans d'eux. Pour
le reconnaître, il n'est besoin que d'écouter leur langage, comme dirait M. Darwin, s'il est vrai qu'ils se
parlent.

Lorsque le naturaliste hésite à classer, dans une
même division spécifique, des mammifères ou des
oiseaux qui ne se ressemblent pas exactement,
par leurs traits physiques, s'il ne veut pas se
tromper, après s'être assuré qu'ils se rapprochent
par les mœurs, qu'il les compare encore par leur
organe laryngé. Que la voix de l'animal rugisse

ou miaule, hennisse ou braie, mugisse ou bêle, hurle ou glapisse, fasse entendre des cris perçants ou rauques, jette dans les airs des modulations vibrantes ou doucement sifflées, nous indiquons là, d'une manière générale, un des attributs spécifiques que le climat laisse intacts et dont la transformation, s'il y avait transformation, devrait se graduer ostensiblement sur la modification générale de l'organisme.

Il est clair que les changements corporels par lesquels se développeraient les facultés mentales, chez les animaux, devraient développer aussi et en même temps leur mode de se parler entre eux, si tant est qu'ils aient un langage. Pourtant, il ne paraît pas qu'aucun genre de ruminants ait plus de faculté glottique qu'un autre genre du même ordre, ni que la famille des anthropoïdes soit mieux douée, de ce côté, qu'aucune famille de singes inférieurs.

Quant aux végétaux, quelque profondes que soient les modifications que leur impriment les milieux climatologiques, l'altitude, le degré de température, l'humidité ou la sécheresse, la lumière ou l'ombre, la nature du sol, leur stabilité dans l'espèce se reconnaît à l'invariabilité : 1° de leurs dispositions florales ; 2° de leurs formes séminales ; 3° de leurs formes fructifères ; 4° de leur essence spéciale. L'*aster tripolium*, cité par le savant M. Broca, comme un exemple de transformation botanique, ne présente rien, dans les modifications que lui ont fait subir l'eau de mer, l'eau saumâtre ou l'eau douce, qui permette d'affirmer le changement d'aucun de ces caractères, chez ce végétal paludéen.

De sorte que, chez la plante comme chez l'animal, les conditions extérieures activent ou ralentissent les fonctions de la vie, en amplifient les résultats, les rapetissent ou les dégradent, mais ne dénaturent jamais le principe économique, ce nous ne savons quoi qui fait qu'un prunier ne saurait, ni par l'amplification ni par la dégradation, produire un arbre qui fût sur le point de porter des pommes.

Le prunier et le pommier, objecteront les polygénistes, ne sont pas des végétaux de la même série et nous prétendons que c'est dans la limite de la série que s'effectuent les métamorphoses.

Où voyez-vous cela, leur demanderons-nous ? La série, quelque part que nous l'examinions, soit dans le règne végétal, soit dans le règne animal, offre, non une hiérarchie graduée, mais une réunion de pairs. Et si ces égalités sériaires sortent réellement les unes des autres, en quoi consiste donc le progrès que la transformation fait faire à la vie ? Et si les séries ne se rattachent pas entre elles, par une dérivation perfectionnante, si le groupe dérivé d'un autre groupe, n'est pas plus avancé organiquement que celui dont il est issu, qu'est-ce que la transformation ?

Quand même la descendance d'un animal, confiné dans un milieu pour lequel il n'était pas fait, vient à s'adapter à ce milieu, par une modification plus ou moins profonde de son tempérament natif, par l'oblitération ou l'extension d'une ou plusieurs de ses

parties tégumentaires, même par un changement de
son régime nutritif, la formation d'une race nouvelle
est la seule suite que l'on puisse réellement attendre
de ces déviations impuissantes à ébranler le caractère
spécifique. Et arrivât-il que cette race, différente de
celles jusque-là connues, se croisât successivement
avec d'autres races tout aussi singulières qu'elle, par
de nouveaux côtés, les produits de ces unions variées
ne compromettraient pas davantage l'unité de l'espèce.

Quand même par des semis successifs et chaque
fois combinés avec un changement de climat ou une
interversion de saison, avec des croisements assortis ou désassortis expresément, et avec des
conditions de culture agissant sur les produits de
manière à effacer en eux, soit par l'amplification, soit
par la dégradation, quelque chose de leur identité
avec leur premier progéniteur, on obtienne une succession de sujets dont les formes contrastent, toujours
plus sensiblement, avec celles de la souche mère,
l'écart ainsi amené est purement morphologique.

Un végétal annuel peut devenir bisannuel ; il peut
se modifier dans ses ramifications, dans son feuillage,
dans son expansion florifère, dans le développement
et le goût de ses fruits ; il est même possible que ses
fibres herbacées se transforment en fibres ligneuses ;
mais de quelque façon qu'il se modifie, il ne paraît
nullement tendre à s'évader ni de l'espèce, ni de la
série à laquelle il appartient.

Pour la science qui s'en rapporte, comme de

raison, aux faits constatés, ni les influences naturelles, ni les influences artificielles, n'ont le pouvoir
de pousser l'espèce hors de ses limites, de la conduire
à échanger son caractère contre un caractère nouveau. La science voit bien que le caractère spécifique
est une vérité ; mais elle ne sait pas comment il s'acquiert et, si tant est qu'il soit mutable, elle ignore
comment il se perd. Ce n'est pas la science, c'est l'i-
magination audacieuse qui, refusant de reconnaître la
superficialité des phénomènes évolutifs, leur attribue
la vertu de façonner des variétés individuelles pourvues de propriétés spéciales et constituant en quelque
sorte des êtres nouveaux.

Voilà ce que savent et ce que disent les éleveurs
et les horticulteurs, tous les hommes d'expérience,
et voilà aussi ce que les faits confirment.

Les faits, étudiés sans prévention contre leur apparence, disent effectivement, avec les hommes pratiques, que la spécificité est inaltérable, parce que les
influences qui modifient la forme de l'espèce n'atteignent jamais les mécanismes intérieurs d'où
découle sa physiologie propre. Les faits, impartialement scrutés, témoignent de l'insuffisance des actions
cosmiques, du régime nutritif et du croisement, pour
modifier la configuration des organes, changer leur
appropriation fonctionnelle et détruire enfin l'unité et
la fixité de composition des éléments dont est ourdie
la trame spécifique.

Dans la nature libre, la race varie selon les lieux,
mais ne s'isole pas de la série et encore moins de

l'espèce. C'est ce qu'ignoraient Robinet et de Maillet, les premiers auteurs de ce système sans voies ni moyens de la transformation, qui suppose, dans la matière, la faculté de s'animer et de se variabiliser intelligemment, ce système dont Voltaire s'est moqué et auquel toutefois des hommes éminents, dans les sciences naturelles, ont, depuis lors, prétendu, chacun à sa façon, adapter un mécanisme.

Le vulgaire bon sens aurait voulu qu'avant d'exalter une idée que le XVIIIe siècle avait très-froidement accueillie, on examinât si l'uniformité et la permanence locales de la diversification, par les milieux, ne constituaient pas un état définitif de la nature, et par cela même n'excluaient pas la possibilité de métamorphoses partant du fait, d'ailleurs incertain, de la génération spontanée de premiers rudiments organiques, pour aboutir à cette prodigieuse profusion de produits divers qu'offrent les deux règnes.

A-t-on pris la peine de faire cette vérification? Il ne nous semble point. On a accepté, sans contrôle, cette fausse notion d'une œuvre transformatrice, incessante, sans limites. On n'apercevait pas et on ne pouvait pas apercevoir les conséquences de cette mobilité imaginaire, dans l'immobilité vraie de la nature laissée à elle-même, on a été les chercher dans la nature dominée et violentée.

La cause trouvait là, nous ne pouvons dire des arguments sérieux, mais des apparences trompeuses : elle s'en est servie à défaut de bonnes raisons. Sous l'influence des milieux artificiels que l'industrie humaine sait habilement créer, on a vu se multiplier indéfiniment les races de chevaux, de bœufs, de moutons, de chiens, de lapins, de pigeons, les variétés de toutes les espèces végétales cultivées, et, avec une précipitation assurément condamnable en un si grave sujet, on a conclu à la mutabilité de la matière organique et de la substance vitale dont elle est pénétrée.

Une fois le champ ainsi ouvert aux conjectures, l'esprit inventif s'y est donné libre carrière, pour expliquer le peuplement varié de l'univers, par la transformation ascendante des formes que la vie avait primitivement revêtues. Confondant ce que la nature fait par elle-même avec ce qu'elle ne peut faire qu'indirectement, on a vu, dans les résultats de la domestication, des analogies que l'état sauvage repousse.

Parce qu'il existe une sélection inconsciente et passive, ouvrage de l'homme et moyen qu'il emploie pour différencier les races domestiques, on a imaginé l'existence d'une sélection naturelle compréhensive, intelligente, s'appuyant de l'hérédité, et on en a fait l'organe et le régulateur de transmutations préparées, quelquefois, par les inclinations individuelles, d'autres fois, par des perturbations survenues dans les fonctions génératrices, et, le plus souvent, par l'action des milieux climatologiques.

Par sa grandiosité, ses horizons dans un lointain infini, le sujet était entraînant. On a déployé toutes les ressources d'un brillant savoir technique à soutenir des hypothèses ingénieusement présentées, à discuter et à résoudre les difficiles questions d'ethnologie, de physiologie, de morphologie, de tératologie et d'atavisme qui se rattachent à ce vaste problème du développement du monde organique par la transformation ; on a entassé des volumes en théorisant sur les impulsions capables de faire dévier les organismes, mais on a omis de s'assurer de la réalité de ces impulsions, ou bien on l'a fait distraitement, puisque l'on a pas vu qu'elles n'existaient pas.

Jamais, pour sûr, on n'eût fondé cette doctrine d'une dérivation chimérique, si l'on ne s'était pas caché que la sélection naturelle et l'hérédité servent moins l'évolution que la fixité de l'espèce.

Croire que le moyen dont l'homme fait usage, pour croiser les races ou les espèces, est un procédé emprunté à la nature, c'était s'abuser étrangement. Dans l'état sauvage, rien de pareil à la sélection artificielle ; l'instinct de la reproduction n'y est jamais suborné par la captation, ni par la contrainte ; les mésalliances y sont à peu près inconnues, quoique les espèces vivent généralement pressées et mêlées, sur le sol comme dans les eaux ; chacun dans sa race, telle est la règle sociale qui règne là. Or, ce retranchement de la procréation, dans un cercle si restreint, ne peut aucunement se concilier avec l'existence de la loi de variabilité que suppose le transformisme.

D'un autre côté, si la sélection artificielle était réellement une imitation de la sélection naturelle, il serait vraiment bien singulier que les effets de l'une pussent se voir, comme nous les voyons, du jour au jour, alors que l'expérience de quatre mille ans aurait été insuffisante à saisir la moindre trace des résultats de l'autre.

Après tout, la sélection naturelle fût-elle une vérité, comme la sélection artificielle, celle-là produisît-elle les mêmes conséquences que celle-ci, il ne s'en suivrait point une confirmation de l'idée darwinienne, à moins que l'hérédité, neutre ou corrective, dans tout écart de la production domestiquée, ne consacrât, au contraire, tous les sauts de la production sauvage.

Mais, encore une fois, ou la sélection naturelle n'est qu'un rêve ou, si elle est une réalité, ainsi que la sélection artificielle, elle doit se comporter comme cette dernière, évoluer dans la limite du cycle spécifique et relever de l'action réversive et régulatrice de l'hérédité. Il n'y a pas de milieu, ou c'est la tendance à dévier, ou c'est la fixité de l'espèce qui est la loi unique. Si l'espèce est variable, elle doit l'être partout, dans la nature libre comme dans la nature dominée. Si l'espèce est invariable, elle ne doit varier nulle part. On ne la voit guère broncher dans l'état de liberté ; est-elle plus mobile, dévie-t-elle, lorsqu'elle est captive ?

Elle dévierait probablement si l'hérédité, au lieu de remplir le rôle conservateur que lui attribue le darwinisme, ne refrénait, au contraire, les désordres de la sélection provoquée artificiellement ; nous assisterions à un défilé d'organismes incessamment exhibitif de toutes les formes de la bizarrerie, si ce n'était qu'il n'y a d'indéfiniment héréditaire que le caractère essentiel de l'espèce, aussi bien dans l'état domestique que dans l'état sauvage.

C'est là, en effet, ce que l'hérédité préserve et transmet fidèlement. A preuve, la permanence des races qui s'appartiennent et l'insuccès des tentatives que l'homme fait, depuis des siècles, dans le but d'amener les espèces dont il a la pleine disposition, à franchir l'intervalle, quelquefois peu considérable, par lequel elles sont séparées les unes des autres.

Dans la procréation entre individus de la même race, l'hérédité s'unit franchement aux suites de l'acte génératif, pour faire passer, des ascendants aux descendants, comme une décalque des traits physiques, des traits moraux, du tempérament, de l'aptitude et jusque de l'état pathologique ou tératologique des parents procréateurs. C'est le moyen ordinaire de la nature.

Dans la procréation entre individus de races différentes, l'hérédité ne se sépare pas des conséquences de l'acte génératif, mais, le plus souvent, elle en divise l'effet en oscillations incertaines, tergiversantes, qui font incliner les produits, tantôt vers la forme de l'un des ascendants, tantôt vers la forme de l'autre, et multiplient ainsi des variétés vagues et fugitives. Quelquefois, du premier coup, ou à la suite de plusieurs générations, elle fixe une race nouvelle. C'est le métissage, une exception à peine apparente dans la liberté, mais que la domestication fait prévaloir sur la règle.

Dans la procréation entre individus qui ne sont pas de la même espèce, l'hérédité devient visiblement rétive. Si elle se mêle encore aux effets de l'acte génératif, c'est avec une hésitation marquée, qui se change bientôt en une inexorable résistance. De là cette tendance à la disjonction et à la réversion, par laquelle les descendants de ces alliances inassorties, anti-naturelles, sont, peu à peu ou rapidement, ramenés à la forme de l'un de leurs ancêtres ; de là aussi et surtout l'infécondité, plus ou moins prochaine, des produits survenus de ces croisements contraints. C'est l'hybridité, cette métamorphose quasi monstrueuse que l'atavisme fait rétrograder, lorsqu'il ne la supprime pas en la frappant de stérilité.

Le rôle de l'hérédité est donc loin d'être toujours confirmatif des suites de la sélection. Bien au contraire, dès que celle-ci se jette hors de la voie naturelle, l'hérédité agit à contre-sens, ou plutôt se retire, abandonnant la place à l'atavisme, qui arrête les déviations du type en entravant, chez les produits, la tendance à varier.

L'atavisme est une de ces forces mystérieuses dont on saisit le jeu, sans en deviner la cause, dans les combinaisons harmoniques de la nature. Tout ce que les physiologistes en savent, c'est que cette force produit l'action en retour, qui paraît naître de la révolte de l'hérédité, contre la procréation irrégulière ; c'est qu'elle est le contre-poids ou plutôt la barrière infranchissable, que la nature oppose aux erreurs et aux caprices de la sélection, qu'elle oppose même à la perpétuité de la transmission, dans une lignée, des maladies de famille, des qualités, de la constitution physique et des vices moraux.

« Le seul fait encore inexpliqué dans l'hérédité, assure Mme Clémence Royer, c'est qu'entre produits des mêmes parents, il se fasse un partage inégal et divers des tendances ataviques, des vices ou des qualités héréditaires, de sorte qu'entre plusieurs frères, les uns ressemblent au père, d'autres à la mère, d'autres à l'un des aïeuls ou des oncles, et que parfois un seul est affecté du principe morbide virtuel ou latent dans la race, tandis que les autres échappent à la fatalité de cet héritage (1). »

Ce qu'il y a d'inexpliqué ici, c'est la cause et non le fait, c'est le ressort physiologique qui met celle-ci en action pour lui faire produire les divergences, dont parle Mme Clémence Royer. Évidemment, ces tergiversations continuelles, de génération en génération, ces fluctuations qui font que l'enfant ne ressemble jamais complètement ni à son père, ni à sa mère, et ne laissent reparaître en lui ou dans une partie de sa postérité, les qualités ou les vices de ses arrière-parents, que pour les accentuer ou les affaiblir, les affirmer de nouveau et les infirmer encore, dans la suite de la descendance, est l'antithèse réelle de ce

____

(1) *Mariages consanguins*, Bulletins de la Société d'anthropologie, tome 6.

phénomène imaginaire que les transformistes désignent par le terme d'accumulation d'hérédité.

L'infixité n'accumule point et, nous l'avons déjà fait remarquer, l'hérédité ne saurait être accumulatrice qu'à la condition de remplir son rôle d'une manière qui fût invariable, par l'effet même d'une fixité propre à l'arrangement moléculaire des éléments anatomiques sur lesquels elle agit. La tendance des descendants à ressembler et à différer tout à la fois, de leurs ancêtres, n'indique-t-elle pas une continuelle mobilité dans la texture de ces éléments?

Apparemment, les phénomènes qui président à la variation, dans l'individu, ont de l'analogie avec ceux qui régissent la variation des caractères extérieurs, chez l'espèce. De même que la dissemblance, entre deux individus qui ne sont pas du même type, résulte de différences dans la disposition structurale de leurs tissus histologiques, de même, mais à un degré moindre, la variété, dans le genre ou dans la race, c'est-à-dire entre les individus d'un même type, provient de différences de proportion, de densité, de configuration, dans le groupement moléculaire individuel.

Il paraît évident à M. de Quatrefages, dont les brillants travaux ont incité, sinon inspiré, nos modestes études, « qu'une simple différence de race ou de variété, fait naître, au moins dans certaines parties des végétaux de même espèce, des différentes histologiques bien grandes et dont chacun peut juger. Entre le fruit sauvage et le fruit cultivé, par exemple, il y a, dit cet éminent naturaliste, des différences de coloration, de saveur, d'odeur, de consistance, qui ne peuvent tenir qu'à des modifications dans les éléments (1). »

Dans la domesticité, par le choix des reproducteurs, on préserve indéfiniment une bonne race animale ou végétale, indigène ou acclimatée, de toute variation dégénérescente. C'est que, là, les soins de l'éleveur préservent de modifications graves, non-seulement les éléments immédiats de la trame héréditaire, mais aussi les éléments quels qu'ils soient, histologiques ou physiologiques, dont l'association, dans un ordre déterminé, acquiert, à la forme organique, sa physionomie et ses propriétés particulières. Mais qu'est-ce que la domesticité, sinon une exception dont il n'y a point à tenir compte, dans le jugement de l'ouvrage universel de la vie? Les transformistes n'ignorent pas que, sans l'initiative hardie et déterminante de l'homme, l'œuvre de la nature, aussi bien dans le règne organique que dans le règne inorganique, resterait en grande partie à l'état de prévision.

Mais que les partisans de la fixité de l'espèce se rassurent, la transformation des organismes ne dépend pas plus de l'influence humaine qu'elle n'est dans l'ordre naturel des choses. Le darwinisme se trouve complètement dans l'erreur, lorsqu'il invoque les conséquences restreintes de la sélection artificielle,

(1) *Progressibilité et variabilité des types*, Bulletins de la Société d'anthropologie, tome 6.

pour affirmer les merveilleux effets de la sélection
naturelle, regrettablement confondus avec ceux de
l'habitat.

Si ce n'était que ce que l'on nomme, en théorie
transformiste, les influences modificatrices — l'action
du climat et les effets du croisement — se renferme
infranchissablement dans la diversification de la race
en d'autres races, rien ne devrait être plus propre à
provoquer une variation plus étendue et à en épuiser
le principe, que les tentatives d'acclimatation et les
alliances artificiellement combinées qui, depuis un
temps immémorial, sont pratiquées sur les animaux
et les végétaux.

La transformation ne dépend pas plus de l'influence humaine qu'elle n'est dans l'ordre naturel des choses.

Admettons, cependant, que la tendance à l'atavisme
soit un obstacle dont on puisse avoir raison par des
croisements entre les produits que le métissage a le
plus éloignés de la série ou de l'espèce, comme l'on
voudra. Si une pareille victoire venait à être rem-
portée sur la nature, pourrait-on en inférer que la loi
de variabilité existe réellement sans limites ? Non,
très-certainement, parce que la loi de transformation,
dont l'homme est, dit-on, la dernière conséquence,
doit exister indépendamment de l'industrie humaine.
En logique et en raison, il faut que cette loi produise
tous ses effets sans le concours des arts qui dévelop-

pent et diversifient les richesses de la faune et de la flore.

Si un métallurgiste venait à découvrir le moyen de faire de l'or, par la fusion et le mélange de métaux moins précieux, on ne serait pas fondé, pensons-nous, à s'autoriser de ce fait artificiel pour soutenir qu'il doit y avoir une transformation naturelle des métaux. Pas plus en zoologie et en botanique qu'en métallurgie, un fait artificiel n'est nécessairement l'imitation d'un fait naturel.

Ce n'est, en effet, pas d'aujourd'hui seulement, que les hommes ont l'idée de la variabilité des races. La Bible nous a conservé le souvenir du naïf procédé dont Jacob fit usage, chez Laban, dans le but de distinguer, à la couleur des brebis, les prélèvements convenus qu'il aurait à faire sur les troupeaux de son maître. La plupart des pratiques de la domestication ont, peut être, le même âge que l'humanité. Dans tous les temps civilisés, mais surtout depuis que les Européens ont pris possession du Nouveau-Monde et porté leur domination sur les points les plus reculés de l'Asie et de l'Afrique, des expériences sans nombre ont été faites dans le but de façonner, à la fantaisie humaine, la faune et la flore de toutes les contrées.

On ne saurait imaginer de révolutions biologiques plus intenses que les changements de régime subis par les animaux et par les plantes transportés d'une région dans une autre et jetés, sans transition, dans des milieux défavorables à leur existence. La descendance des individus dépaysés et mariés à d'autres émigrants involontaires ou à des indigènes, a-t-elle quelquefois laissé apercevoir des indices de déviation du caractère intime ? Cela ne s'est jamais vu.

Que les individus qui ne sont pas éloignés, d'une manière sensible, de la température qui convient à leur organisation, se ressentent peu de ce déplacement, nous le concevons jusqu'à certain point ; il peut falloir davantage pour déterminer la variation organique qui amènerait l'adaptation, selon ce que dit M. Darwin ; mais lorsqu'il s'agit d'espèces de l'Amérique méridionale ou de l'extrême Orient, apportées en Europe, ou d'espèces européennes transférées dans ces régions, il est véritablement surprenant que leur translation trop au-dessous ou trop au-dessus de la moyenne de chaleur dans laquelle elles sont nées, les laisse intactes si elle ne les tue.

Comment, dans cette multitude d'oiseaux et de mammifères domestiques, arrachés aux conditions naturelles de leur existence et que leur dispersion, dans des conditions à divers degrés différentes, dispose à se modifier, pas un dont la lignée s'écarte le moindrement de ses instincts spécifiques ! Parmi tant d'animaux, exotiques ou indigènes, dont les éleveurs de tous les pays modèlent, à volonté, les formes, par la sélection artificielle, pas un dont les produits accusent un commencement de déviation morale !

Qui sait ? Nous avons vu des lapines qui refusaient d'allaiter leurs petits ou les tuaient dans le terrier, des poules couveuses qui mangeaient leurs œufs ou jetaient violemment, hors du nid, le poussin qui venait

d'éclore. Dans ces faits contre nature, M. Broca pui-
serait, sans doute, des arguments en faveur du transformisme.

Les végétaux ne se comportent pas autrement que
les animaux, sous la contrainte de l'expatriation et des
mariages artificiels, assortis ou désassortis. Dans cette
innombrable masse de plantes originaires de tous les
points du globe, que l'horticulteur soumet au même
régime biologique, sur des superficies restreintes, pas
une, que l'art l'ait parée et développée à outrance ou
qu'il l'ait laissée dans sa simplicité primitive, pas une
qui change ses formes fructifères ou ses formes florales, pas une liliacée qui menace de se transformer
en labiée ou en un autre genre, pas une monocotylédonée qui fasse mine de devenir une dicotylédonée.
Pour ce règne, autant que pour l'autre, on est dans
l'impuissance d'établir que l'évolution de la race sort
de l'espace, précisément limité, qui sépare l'amplification de la dégénérescence organique, dans l'espèce
à laquelle la race appartient.

Les horticulteurs ne l'ignorent pas, la race végétale n'est évincée d'elle-même, ne change d'expression organique, ni par le perfectionnement, ni par la
dégradation. Les milieux artificiels qui développent,
dans une plante, un excès de fonctions vitales, la frappent du même coup d'une sorte de pléthore qui la rend
incapable de se reproduire par la germination. C'est
le cas de la rose-double, de la généralité des plantes
vivaces dont la floraison s'est amplifiée, et de tous les
arbres fruitiers auxquels la multiplication des pétales

de la fleur a fait perdre la propriété de fructification.

Les conditions artificielles ou naturelles, susceptibles d'exercer des effets dégradants ou débilitants, sur un végétal qui a été perfectionné, par la culture, le font, assez ordinairement, rétrograder au-dessous du degré de perfection conventionnelle qu'il avait acquis, en paralysent plus ou moins les facultés séminales, mais ne le dévoient jamais.

Ainsi, nos pêchers, nos abricotiers, nos pruniers, nos poiriers, nos pommiers, cultivés dans le nord de l'Afrique ou dans nos colonies des Antilles, au lieu de s'adapter sous une forme déviée, à la température élevée de ces régions, s'abâtardissent, passent par diverses phases de dégénérescence, s'arrêtent dans l'une d'elles ou cessent de fructifier.

Ainsi le palmier-dattier, qu'une partie des rivages de la Méditerranée envie à l'autre, transplanté sur le littoral de l'Espagne méditerranéenne, de la Provence ou de l'Italie, y croît lentement, mais régulièrement, y résiste au froid plus que l'oranger, son compatriote, y élève à huit ou dix mètres son élégant faisceau de palmes, s'y pare annuellement de grappes de fruits qui n'arrivent pas à maturité. L'inutilité de cette tentative d'acclimatation poursuivie depuis des milliers d'années, peut-être, prouve, selon nous, que le changement de milieu ne détermine pas la variation organique, qui serait le signe de l'adaptation individuelle, dont la sélection naturelle s'emparerait pour consommer la transformation spécifique.

Que l'on ne dise pas que le dattier passe trop

brusquement de l'un des bords de la Méditerranée à
l'autre bord : de l'extrémité occidentale de l'Afrique,
où cette cycadée s'arrête visiblement dégénérée, au
sol de l'Europe, il n'y a que l'insignifiante largeur du
détroit de Gibraltar.

**Comment se forme la race. Sa variabilité régionale. Preuves
de la permanence de l'espèce, malgré la variabilité de la
race.**

Redisons-le, c'est l'habitat natal et non la sélection
qui forme les genres et les races dans la nature libre.
Avec une climature uniformément la même partout,
et un sol dont la composition chimique ne différât
nulle part, la terre et les eaux ne seraient peuplées
que d'espèces absolument indivisibles, parce qu'elles
seraient partout semblables dans leur type spécifique
et que les espèces étrangères, les unes aux autres, ne
se croisent pas naturellement.

Si, dans la nature dominée, les genres et les races
se mêlent et multiplient sans distinction régionale,
c'est parce que les pratiques de la domestication ont
pour effet d'unir, aux conséquences acquises de l'action de l'habitat, les conséquences futures de la sélection artificielle, et, par suite, de différencier encore
les races qui sont déjà diversement variées par les
climats.

Un semblable travail n'aurait-il pas lieu de région
à région, dans la nature sauvage ? On ne saurait ré-

pondre affirmativement à cette question, alors qu'il tombe sous les sens que le seul effet de la sélection naturelle sur place, est de perpétuer les formes régionales ; et si, comme nous le croyons, cela est évident pour les horticulteurs et pour les éleveurs, pour les hommes pratiques, c'est qu'il est vrai que le transformisme s'est moins inspiré des faits naturels que des faits artificiels, pour faire de la sélection le principal ressort de son œuvre théorique.

Toutefois, il est juste de rappeler que la transformation lente, telle que l'ont conçue Lamarck et surtout M. Darwin, ne comporte aucunement la nécessité d'alliances entre les races et les espèces dissemblables, puisque ce qu'il faut, pour qu'une métamorphose commencée s'accomplisse, c'est d'abord l'accointance d'individus, de la même race, déjà entraînés à la déviation par les influences qui la provoquent, et, ensuite, une longue suite de générations effaçant chacune un peu les organes qui deviennent inutiles, et les remplaçant par des organes nouveaux, chez l'espèce en voie de transmutation.

Par exemple, des reptiles sauriens, plus aptes à surprendre une proie qu'à la poursuivre, souffriraient de la faim s'ils n'apprenaient à happer, à la volée, la sardine et le maquereau. Le besoin de se procurer leur subsistance jette ces amphibies dans une activité qui fait naître en eux la tendance à devenir des cachalots ou des marsouins. Dès lors, l'action génératrice, sous l'influence de cette cause, entreprend de mettre en état de nager rapidement des animaux

qui avaient été faits pour ramper péniblement. Petit
à petit, en mille ou en dix mille générations, elle
transforme en nageoires leurs membres antérieurs,
déprime, puis supprime leur bassin, fait disparaître
leurs membres inférieurs, change la forme de leur
queue, et ainsi du reste jusqu'à ce que le système
anatomique ait été entièrement refait.

Dans l'hypothèse beaucoup plus simple d'animaux
dérivant d'un groupe vers un autre du même ordre,
on cite, entre autres exemples imaginaires, celui de
la mésange tête-noire, qui a pu devenir un casse-noix
en exerçant son bec à briser certaines graines pour en
manger l'amande. Le bec de l'oiseau, dit-on, a pu se
modifier, se durcir, s'adapter enfin à la fonction qu'on
lui faisait remplir ; de son côté, la sélection naturelle
se sera mise à l'œuvre pour développer l'habitude et
conserver, en les accumulant, toutes les légères
variations de l'organe. En même temps et par suite
des lois de corrélation, les pieds de la mésange auront
aussi varié et sa taille aura augmenté proportionnellement à l'accroissement du bec.

On le voit, c'est la nature à la merci d'influences et
de tendances qu'elle a pu prévoir, mais qu'elle ne
dirige pas. Si les choses sont si bien à leur place, dans
l'empire organique, c'est parce qu'elles s'y sont mises
d'elles-mêmes. Le hasard de la constitution originelle
des êtres est devenu la loi de leur constitution ultérieure.

Vraiment, si nous pouvions croire à une telle misère
de moyens, dans l'harmonie du monde, nous senti-

rions diminuer notre admiration pour la sublimité de l'ouvrage de la nature.

La transformation brusque, dégagée qu'elle est de ce futile enchaînement de causes occasionnelles, dont ne peut se passer la transformation lente, a au moins, sur celle-ci, l'avantage de ne pas choquer le bon sens.

Les faits tératologiques, sur lesquels elle se fonde, prêtent certainement à l'illusion et à la réflexion. On peut incliner à penser qu'une espèce nouvelle pourra sortir d'une anormalité dans la génération, tandis que l'on n'est pas longtemps abusé par la brillante fantasmagorie de l'évolution lentement graduelle. Mais, quelle que soit théoriquement la vraisemblance de l'un ou de l'autre système, l'esprit qui réfléchit, sans parti pris de refouler ses impressions, n'accepte d'aucune manière l'idée d'une transformation générale des organismes, par un perpétuel pêle-mêle de conséquences en lutte contre leurs propres causes.

Arrivons à la réalité, c'est-à-dire à l'exposition des preuves matérielles d'où ressort la permanence de l'espèce, nonobstant les variations de la race. Nous en aurons bientôt fini, car il s'agit seulement d'établir l'exactitude de cette proposition : En variant la forme des animaux et des végétaux, par la domestication, la culture et l'acclimatation, l'homme ne fait que déplacer, accélérer et multiplier, à son profit, l'application du principe de la variabilité régionale.

Vainement, en effet, les éleveurs et les horticulteurs de toutes les contrées agricoles de l'Europe, se

livrent-ils aux efforts les plus intelligents et les plus
soutenus, dans le but de pousser la nature au delà de
la limite indiquée dans cette proposition : ils n'ob-
tiennent pas un succès qui ne soulève aussitôt une
invincible résistance, la réaction de la loi primordiale
et indéviable sur laquelle est assise la continuité de
l'espèce. Parvenus à des résultats merveilleux en deçà
de cette barrière, ils demeurent impuissants à la franchir. Examinons impartialement si cela n'est pas
rigoureusement vrai.

Dans le règne animal, l'industrie d'élève, mettant
en œuvre l'action des milieux artificiels, l'alimentation, le rapprochement forcé des races différentes,
leur tendance à varier, dans le cycle de l'espèce, et
la sélection, dont l'effet est si rapide au milieu des
influences domestiques, modifie, façonne, varie
toutes les formes et leur acquiert, comme à son gré,
des qualités diverses, selon qu'elle veut les approprier
à tel usage ou à tel autre.

Cet art est poussé si loin, aujourd'hui, que tout ce
qui, chez les animaux, est susceptible de changement
— la taille et les allures, les muscles et la graisse,
les articulations et les os, le poil, la laine et la plume,
tous les téguments et tous les appendices cutanés —
peut-être atteint et remodelé, dans un sens à peu
près prévu à l'avance, en combinant la direction des
alliances avec le choix des sujets et, ces deux choses
essentielles, avec un régime biologique qui soit capable du développement de certaines parties du corps
au détriment des autres.

C'est par des moyens et des soins de cette nature que l'espèce chevaline, déjà si divisée régionalement, s'accroît encore, de jour en jour, de nouvelles races divergentes, par la taille ou par la forme, quelques-unes sveltes et souples, pour la course, d'autres au corps robuste et massif, pour la traction, le plus grand nombre s'adaptant, d'une manière ou d'une autre, aux divers besoins industriels.

C'est ainsi également que se sont créés, dans l'espèce bovine, des races dépourvues de cornes, de puissants attelages pour l'agriculture, des masses charnues pour la boucherie, des vaches qui sont de véritables fontaines de lait.

C'est ainsi, encore, que l'on obtient, de l'espèce ovine, des troupeaux non moins précieux, ces races de mérinos, de bassets, de mauchamps, d'ancons, les unes si réputées pour le luxe et l'utilité de leur toison, les autres pour la facilité d'engraissement et l'abondance de leur chair.

C'est ainsi, enfin, que se multiplient et se propagent les races de porcs, de chiens, de lapins, de poules, de pigeons, et que se produisent, dans une même espèce, de telles dissemblances que l'on a pu, bien souvent, cesser d'apercevoir le lien auquel se rattachaient des races originaires d'une souche commune.

Rien, dans ces résultats si divers, n'arrive indépendamment de la direction de l'éleveur. Tout y est son ouvrage, et si les transformistes, en général, ne le croient pas, quelques-uns d'entre eux, au contraire, le reconnaissent loyalement. Parmi ces derniers, M. Broca est très-explicite. « La sélection artificielle s'obtient, dit le savant professeur, par l'intervention d'une volonté déterminée, et non par l'action pure et simple des lois naturelles. On choisit les reproducteurs dans un certain but. Si l'on veut seulement changer la taille, on marie les gros avec les gros, les petits avec les petits, et, par ce dernier moyen, on finit par obtenir des chiens qu'une dame peut porter dans son manchon. Si l'on veut modifier tel ou tel caractère de forme ou de couleur, telle ou telle qualité répondant à un besoin ou à une simple fantaisie, on y arrive, de la même manière, en éliminant la plupart des produits et en ne conservant, pour la génération, que ceux qui tendent à varier dans le sens voulu. Souvent même, ce n'est pas une simple variation, mais une véritable anomalie, qui a apparu, tout à coup, sur un individu naissant et que l'on cherche à fixer, chez ses descendants, par une sélection méthodique. Mais tout cela est dirigé, manié, par un être intelligent, qui trouble la marche ordinaire des choses, au gré de ses volontés ou de ses caprices. L'homme intervient ici, comme le dieu des finalistes, pour provoquer des résultats que la nature seule n'aurait pas produits. »

Cet aveu est grave. Si la nature ne peut seule faire varier la race, comment aurait-elle pu seule faire varier l'espèce?

Mais où la main de l'homme se montre le plus étonnamment habile à diversifier, c'est dans le règne végétal. Ce n'est pas que les moyens mis en action, dans ce règne, diffèrent de ceux qui sont employés dans l'autre, ni que la variation, chez les plantes, s'accomplisse d'après une autre loi que celle qui règle la variation chez les animaux. C'est parce que la plupart des espèces animales échappent à la domestication, tandis qu'il n'est presque pas d'espèces végétales qui s'y soustraient. En un mot, l'art de l'éleveur n'a que des résultats partiels, parce qu'il n'embrasse qu'une partie du règne animal ; l'art de l'horticulteur a, au contraire, des effets généraux, parce qu'il s'étend à tout le règne végétal.

D'un autre côté, dans la culture des plantes, les influences qui déterminent la variation existent à un degré bien plus marqué que dans l'éducation des animaux, au dedans même des milieux artificiels. Les causes de modification qui se dégagent de là, ainsi que du mariage des races, ont une telle intensité que l'on verrait, fréquemment, des végétaux s'isoler de leur espèce, si la doctrine transformiste ne reposait pas sur une idée chimérique.

Il n'est pas effectivement, une seule famille de fruits, de légumes ou de fleurs, à laquelle des croisements et des semis intelligemment préparés, n'ajoutent des formes nouvelles ou n'apportent au moins quelque changement intérieur, sensible au goût ou à l'odorat. A regarder les divisions de la flore cultivée, s'émailler ainsi de subdivisions parcourant une infinité de degrés successifs, pour arriver de l'ébauche à l'expression la plus élevée du perfectionnement, ne

semble-t-il pas que les éléments de cette variabilité
sont puisés à une source intarissable et que l'industrie de l'homme n'a qu'à ne pas s'arrêter, pour entraîner les races au delà de leur caractère spécifique ?

C'est une trompeuse apparence et, d'ailleurs, arrivât-il qu'une race déviât à ce point de constituer une
espèce, si l'on tirait de ce fait une conclusion favorable à l'idée darwinienne, nous n'en serions pas
moins surpris que d'entendre dire que les commu-
nications par l'électricité, doivent exister indépendamment des appareils mécaniques qui concentrent
cette force mystérieuse et lui impriment une direction
déterminée.

Néanmoins, pour être plus générale et, peut-être,
plus prononcée, chez les végétaux que chez les
animaux, la tendance à la variation n'a pas des limites
plus reculées pour les uns que pour les autres. De ce
côté-là ou de ce côté-ci de la nature vivante, le mouvement évolutif s'épuise visiblement dans l'orbite où
le retient son incapacité de se développer au dehors,
même avec le secours humain.

Des races extrêmes ont pu se produire, soit dans la
zoologie, soit dans la botanique ; ces races peuvent
différer de leurs congénères, non-seulement par les
caractères extérieurs, mais encore par des modifications atteignant le squelette, une partie de la structure
interne ; enfin, le défaut de ressemblance entre les
individus d'une même espèce et, quelquefois, entre
les enfants d'une même mère, a pu occasionner de
graves méprises, dans les classifications de l'histoire

naturelle, mais tout cela ne prouve rien contre l'invariabilité des traits moraux qui constituent le caractère spécifique.

En effet, qu'un bœuf prenne la forme singulière du gnato ou du durham, que sa tête, dépourvue de cornes soit façonnée comme celle du bouledogue, ou que son corps, presque désossé, pléthorique, présente une masse musculaire à peine supportée par des membres grêles et courts, il ne cesse pas pour cela d'être un bœuf, un herbivore ruminant et beuglant.

Qu'un cheval ait la taille réduite du cheval corse ou la haute taille d'un cheval normand, la fine structure d'un élégant coursier ou la vigoureuse membrure d'un cheval de somme, il n'en appartient pas moins à l'espèce chevaline.

Qu'il arrive une brebis se distinguant de celles que nous connaissons déjà, par une de ces particularités qui ont fait remarquer le basset, le dishley, l'ancon, le mauchamp, l'espèce ovine acquiert une race de plus, mais ne dévie pas pour cela.

Nous ne sachons pas que parmi le grand nombre de variétés de chiens qui ont figuré à notre dernière Exposition universelle, ni dans le plus grand nombre encore de celles qui n'ont pas paru à cette Exposition, il ait été aperçu une race qui fût réellement sur le point de se séparer de l'espèce canine.

Parmi les pigeons, le messager, le grosse-gorge, le culbutant, le paon, si différents des autres pigeons domestiques, qu'on les classerait, dit M. de Quatrefages, en autant de genres à part, s'ils étaient ren-

contrés à l'état sauvage, sont pourtant bien des pigeons
roucoulant, ne pondant jamais plus de deux œufs à la
fois et élevant leur couvée de cette façon toute particulière au genre colombe, qui consiste à dégorger,
dans le bec des petits, une nourriture préalablement macérée dans l'œsophage de la mère ou du
père.

S'il existe cinq à six cents intermédiaires entre le
fruit insignifiant de l'aubépine et une savoureuse poire
beurrée de grosse race; s'il n'y a guère moins de
variétés de pommes que de variétés de poires; s'il en
est de même, ou quasi de même, pour les autres
fruits, la pêche, l'abricot, la prune, la cerise, le rai-
sin, la figue; si l'on compte également par centaines
les degrés de la progression que suit la fleur simple
de l'églantier pour parvenir au développement de la
plus belle des roses-doubles, ou l'humble marguerite
des prés pour devenir un riche ornement dans les
plates-bandes d'un parterre; si, enfin, la culture
accroît et amplifie les principes alimentaires contenus
dans les légumes, dans certaines racines ou dans certaines tiges, améliore ces pulpes nourricières, en
même temps qu'elle les fait abonder, en modifie la
saveur et l'arôme, remanie sans cesse, non pas la
texture des types végétaux, mais leur aspect, en variant de génération en génération, l'apparence des
feuilles, des fruits, des fleurs, et surtout les nuances
et les panachures de celles-ci, il n'arrive jamais,
cependant, que le pépin d'une poire donne naissance
à un autre arbre fruitier; que la semence d'un rosier

ne produise pas d'autres rosiers, la graine d'un melon
d'autres melons.

Cette immobilité des êtres, chacun dans sa spécificité originelle, se révèle avec trop d'éclat, dans les
faits de la nature organisée, pour que l'on puisse
sérieusement la nier, par des considérations de
détail, tirées de l'unité de la composition organique ou
de la gradation des phases de la vie embryonnaire.
Qu'importe, en effet, de pauvres arguties, devant le
fait de permanence qui se dégage majestueusement
de la comparaison de l'inventaire actuel des richesses
zoologiques et botaniques, avec l'inventaire qu'en
offrent l'archéologie et l'histoire des plus anciens
peuples civilisés? Que signifient la progression de
l'embryon et l'unité des éléments qui s'élaborent dans
ce début de la vie individuelle, quand la continuité de
l'espèce ressort incontestablement de la confrontation
des formes vivantes avec celles des formes fossiles
qui leur sont spécifiquement similaires, dans l'immense antiquité des dépôts tertiaires?

Rien de plus, probablement, que ne signifient la
multiplicité et l'unité d'éléments de construction des
types si variés de l'architecture navale, convergeant
tous, du plus humble au plus élevé, de la plus faible
barque au plus fort vaisseau, vers la forme carénée
du poisson.

L'acclimatation. La monstruosité. L'hybridité.

Où donc est, dans les deux règnes, l'issue par laquelle une race s'évade du giron de son espèce, pour former la souche d'une espèce nouvelle et souder ainsi la dérivation à l'évolution? Ceux-là se trompent qui voient cette issue dans l'acclimatation ou dans les phénomènes tératologiques; ceux-là s'abusent aussi qui la cherchent dans les suites de l'hybridation.

Est-il vrai, ainsi que le dit M. Eméry, qu'acclimater soit, à proprement parler, transformer, et que croire à l'acclimatation revienne à croire au transformisme?

L'acclimatation est une vérité qui se dégage clairement et des faits de la nature et des faits de l'homme. La nature a fait de l'acclimatation toutes les fois qu'elle a changé les conditions de la vie, par des rénovations géogéniques, depuis l'avènement de la première couche terrestre. L'homme, par un procédé imitatif de celui de la nature, fait de l'acclimatation toutes les fois qu'il réussit à implanter, dans un climat qu'il a choisi, des animaux ou des végétaux d'un autre climat. Mais, pour la nature comme pour l'homme, acclimater ce n'est que façonner, approprier, le tempérament des êtres au changement de milieux qui leur est imposé.

Il n'est point douteux que le changement de mi-

lieux entraîne, chez l'animal ou le végétal qui le subit,
un changement correspondant de l'expression fonctionnelle des organes et que cette modification des rôles
intimes a des résultats modificatifs de parties des téguments, même de parties de la structure. Toutefois, si
accentués que soient ces changements, ils n'affectent
jamais, nous l'avons démontré, le plan général de
conformation particulier à l'espèce à laquelle appartient l'être modifié par cette cause. Ainsi aucune des
énormes différences qui existent entre le Lapon et le
Patagon, le Hottentot et le Germain, n'est de nature à
faire douter de l'unité du type humain.

Dans l'acclimatation naturelle aux milieux régnants,
nous avons comme preuve irrécusable de l'inaltérabilité
du plan général de conformation, d'abord, la succession
de formes variables à travers lesquelles sont venues
du tertiaire jusqu'à nous, les grandes espèces animales
que nous avons déjà bien des fois indiquées, telles que
le rhinocéros, l'hippopotame, le tapir, le cheval, l'é-
léphant, le bœuf, et, ensuite, le cantonnement, selon
leur adaptation climatologique, de la généralité des
types animaux et végétaux.

Dans l'acclimatation artificielle, la permanence du
plan général typique s'affirme par l'insuccès des efforts
de l'industrie humaine dans le but de troubler l'ordre
de la nature par la création de types nouveaux. Elle
s'affirme surtout par cette considération générale que
s'il est donné à l'homme de produire des contre-
façons des phénomènes naturels, il ne saurait raisonnablement nourrir l'espoir de faire sortir de l'ap-

plication des lois naturelles des conséquences qu'elles
ne renferment pas.

Donc l'acclimatation naturelle ou artificielle n'est
pas un agent de déviation dont le transformisme
puisse faire valoir les effets diversificateurs à l'appui
de ses doctrines. La vie sous les climats glacés des
pôles est bien différente de la vie sous l'équateur :
autant l'une est malingre, rabougrie, étiolée, autant
l'autre a de vigueur, de coloris, d'épanouissement ;
mais dans l'extrême pauvreté de celle-là, ni dans l'o-
pulence de celle-ci, il n'est rien qui compromette la
fixité des principes spécifiques si différemment développés. Les climats peuvent changer ; l'aspect de la
vie change avec eux, mais nonobstant ces variations,
les principes vitaux demeurent invariables. Cela se
voit à l'innombrable multitude de formes organisées
qui ont traversé les âges de la terre sans varier, si ce
n'est dans leurs caractères purement morphologiques.

La monstruosité, qu'elle soit naturelle ou provoquée
artificiellement, n'est jamais autre chose qu'une
variation accidentelle et transitoire, se résumant en
un vice constitutionnel ou en une étrangeté purement
physique.

Dans l'espèce humaine, par exemple, il est des
individus chez lesquels se voient des anomalies
graves, telles que certaine forme anormale de la tête,
du corps ou des membres, le défaut de conque audi-
tive, la peau velue, la multiplicité des embranchements vasculaires ou nerveux, la communication des

diverses cavités du cœur, l'état multilobé des reins,
l'exiguité de l'encéphale où l'état imparfait des circonvolutions cérébrales, l'existence de deux vagins
ou de plus de deux mamelles et jusque la coexistence
des organes des deux sexes, alors que l'hermaphro-
disme n'est guère connu en dehors du règne végétal,
si ce n'est parmi les entozoaires. Mais ces anomalies,
reproduisant, affirme-t-on, un ou plusieurs des caractères de l'animalité pure, n'affectent nullement la disposition morale des sujets dont elles singularisent la
conformation physique.

Née viable et féconde, la monstruosité peut changer la physionomie d'une race et former, de cette
manière, une race nouvelle, mais elle ne touche point
au fond même du caractère spécifique. Si un bœuf
venu sans cornes n'est pas moins un bœuf, de même
un homme ectromèle (1), aspalosome (2), phocomèle (3) ou hermaphrodite, n'est pas moins un
homme.

Reste à savoir si le bœuf et l'homme ont eu chacun
un progéniteur qui ne fût pas ce qu'ils sont. Comment douter qu'ils n'ont pu venir de toutes pièces et
qu'ils ont dû, au contraire, descendre de types non
semblables, mais analogues, qui les avaient précé-

(1) Ectromèle, privé par avortement embryonnaire, soit des membres abdominaux, soit des membres thoraciques, ce qui rappelle une
des conditions normales de l'organisation des cétacés ordinaires.

(2) Aspalosome, dont l'appareil génital et le rectum rappellent la
conformation de ces organes chez la taupe.

(3) Phocomèle, dont les pieds et les mains paraissent s'insérer immédiatement sur le tronc, comme chez les phoques.

dés? « Est-ce que les monstruosités qui atteignent une forme quelconque n'offrent pas l'image de la période d'état de la forme inférieure? » Et puis, est-ce que la doctrine du transformisme, quoique n'étant en aucune façon expérimentale, n'est pas rationnelle et légitime dans son objet, absolument nécessaire pour donner une « explication quelconque » de l'apparition successive des êtres organisés?

Eh! Messieurs les adversaires du surnaturel, la science n'est pas la science pour se satisfaire d'une « explication quelconque », en matière de choses qui ne sont pas exclusivement du domaine de la métaphysique. Quand un anatomiste, l'œil appliqué au microscope et s'inspirant de ses préventions, croit voir que l'embryon d'un animal, avant de revêtir sa forme définitive, passe par diverses formes inférieures, qu'a-t-il tant à s'étonner que la cellule par où commence la vie ne soit, d'abord, qu'un élément sans caractère morphologique et s'élève, ensuite, graduellement, de la simplicité rudimentaire à la forme complexe? S'il est vrai, comme on le dit, que l'évolution embryonnaire du homard traverse successivement des périodes marquant la forme du nauplius, du cloporte, de la crevette, du crabe, est-ce à dire que ce phénomène de transformation des matériaux organiques, soit une réminiscence des stages que le grand crustacé décapode aurait fait pendant l'évolution de son espèce? Il est douteux que cela se déduise nécessairement de la vérification des phases de la vie embryonnaire du homard.

Quoi qu'il en soit, il ne paraît point que la génération anormale, non plus que la génération régulière,
ébranle l'essence insubstantielle qui distingue une
espèce d'une autre espèce. On ne saurait raisonnablement — nous allions dire de bonne foi — poser
les bases d'un système de transformation sur la fréquence d'un accident qui relève plus généralement
de la pathologie que de la tératologie, et dont les
suites sont bientôt effacées par l'atavisme , cette
conséquence de la loi de réversion par laquelle la nature affirme et garantit la constance du type spécifique. Pour fixer la monstruosité, il faudrait faire intervenir, dans les milieux naturels, avec les faits
anormaux de génération, des alliances assorties, une
influence analogue à celle que les soins de l'éleveur
exercent dans une bergerie ou dans une basse-cour.

La nature ne fait rien de semblable : au contraire,
si par des aberrations aussi inexplicables que ses actes
les plus merveilleusement consommés, elle produit
spontanément des monstres, ou elle les répudie et les
fait périr immédiatement, ou elle ramène, avec rapidité, leur descendance dans la voie régulière. Une
race nouvelle peut surgir d'une de ces anomalies que
l'on croit causées par des arrêts de développement
frappant un organe, à un moment ou à un autre, pendant la succession des phases embryonnaires, mais
rien ne permet de penser que ce fait d'hétérogénèse
ait forcément, pour conséquence, une déviation de
l'instinct et des facultés mentales caractérisant l'espèce.

Admettons que chacune des grandes races humaines se fût constituée par une suite de faits tératologiques, d'où seraient nées les différences intérieures et extérieures qui distinguent la race caucasienne de la race nègre, la race jaune de la race océanienne, cela suffirait-il pour faire penser que la tératologie a été le moyen dont la nature a fait usage pour varier les animaux et les plantes ?

Mais quoiqu'en disent les disciples de Geoffroy Saint-Hilaire, la monstruosité n'a qu'une importance médiocre dans l'examen des questions touchant l'origine des êtres vivants. A coup sûr, ses résultats hétérogéniques ne sont pas même capables de faire évoluer la race, puisqu'ils ne se produisent que par des mouvements rétrogrades. Soyons logiques si nous voulons être écoutés. Il est contradictoire de représenter la tératologie comme un agent transformateur et de prétendre ensuite que « les monstruosités dont chaque espèce est susceptible, dans chacun de ses organes, ont pour règle et pour limite, la ressemblance aux organes analogues des types placés *au dessous* du type observé, dans l'ordre paléontologique, et jamais aux types placés *au dessus ou plus récents* (1) ».

Des déviations organiques régressives, au lieu de faire avancer l'espèce, devraient la faire reculer.

Attendez, vont nous dire les amis d'un physiologiste en grande renommée, aujourd'hui, attendez que M. Claude Bernard ait réussi à démontrer la possibi-

____

(1) M. Bertillon, *Valeur de l'hypothèse transformiste.*

lité de faire dévier l'espèce en provoquant, par arti-
fice, une modification embryonnaire héréditairement
transmissible. Ne savez-vous pas que les molécules
vivantes, quelle que soit la variété de leur base d'association, dans la multiplicité des systèmes qu'elles
forment, sont, au fond, toujours les mêmes molécules, et que, si elles ne changent jamais leur proportionalité et leur mode d'agencement, c'est parce
qu'elles sont incessamment dans le même milieu et y
absorbent des matériaux identiques? Changez le milieu pour agir sur les phénomènes évolutifs qui multiplient les genres et les races, et vous détournerez
ainsi l'embryon de sa direction première, vous lui
donnerez une direction par laquelle le type auquel il
appartient sera modifié.

Car, ajouteront ces élèves peut-être trop avancés de
la nouvelle école physiologique, les êtres ne sont pas
astreints, d'une manière absolue, à se substanter
plutôt d'une chose que d'une autre ; s'ils exercent un
choix sur les substances chimiques que leur fournis-
sent l'air, la terre et l'eau, c'est uniquement par rou-
tine ; c'est parceque l'hérédité, dans la suite de la génération des premiers êtres, a consacré l'habitude,
forcément contractée par eux, de puiser leurs moyens
d'existence dans le milieu où ils étaient nés.

Sans doute, les milieux agissent sur les phénomènes
évolutifs. Nous l'avons établi et on le voit bien, d'ailleurs, aux différences morphologiques qui existent
entre les animaux tertiaires ou quaternaires et leurs
similaires de nos jours ; mais l'influence des milieux

ne va pas jusqu'à déterminer une modification des mécanismes intérieurs et, si cela peut se dire, de la texture physiologique de l'espèce, puisque si modifiés qu'ils soient, dans leurs représentants actuels, le premier hippopotame, le premier cheval, le premier bœuf, ne sont pas moins des expressions organiques trouvant leur affirmation dans le caractère spécifique de leurs congénères vivants.

Dès lors, quelque anormalité compatible avec la vie que les forces artificielles viennent à déterminer, sur un embryon, et à maintenir, dans la descendance de l'animal qui aura été ainsi modifié, cette opération scientifique n'aura d'autre effet que celui de faire surgir une singularité purement extérieure, constituant une nouvelle race, mais non un être nouveau. M. Claude Bernard est bien trop savant pour qu'il ait pu concevoir l'espérance de pousser la nature hors des voies qu'elle s'est tracées. N'est-ce pas lui qui a écrit, quelque part, que le groupement des éléments histologiques « se fait par suite des lois qui régissent les propriétés physico-chimiques de la matière » ; que « ce qui est essentiellement du domaine de la vie, ce qui n'appartient ni à la chimie, ni à la physique, c'est l'idée directrice de l'évolution vitale », et que, « dans tout germe vivant, il y a une idée qui se manifeste par l'organisation » ?

N'en déplaise à personne, l'idée, dont parle si éloquemment M. Claude Bernard, ne peut s'entendre que d'une distribution préalablement déterminée des éléments divers formant la combinaison vivante ; l'idée

directrice implique forcément cette préordination que
Cuvier définissait « un tout dont toutes les parties sont
réciproquement but et moyens». Et si cette idée, dont
l'organisme est l'expression, ne relève ni de la chimie
ni de la physique, si la formation et le développement des substances qui le composent, leur répartition et leur arrangement en liquides, en tissus, en
organes, en appareils et en systèmes coordonnés en
vue de fonctions expresses, ne sont que les moyens
chimico-physiquement appropriés à la fin, les conséquences nécessaires, inévitables, d'une cause motrice inconnue, comment pourrait-on espérer de
changer la nature de celle-ci en agissant artificiellement sur ceux-là ?

Arrivât-il qu'en procédant sur l'embryon, par
l'action nutritive détournée de ce que l'on dit être
ses habitudes routinières, ou, selon le conseil de
M. Marey, sur la vie ultérieure, par une gymnas-
tique combinée avec certains milieux biologiques et
capables de déterminer une modification du squelette,
on parvint, la génération aidant, à façonner la plus
étrange organisation animale qui se fût jamais vue,
est-ce que la direction, la cause motrice, serait plus
atteinte par ce fait artificiel qu'elle ne l'a été, jusqu'à
présent, par les accidents naturels qui produisent les
monstres ou par les lésions, les mutilations, les infir-
mités diverses, les altérations successives et graduelles, qui frappent l'expression de l'idée, à une
phase ou à une autre de son développement et de sa
durée ?

Quand même il soit vrai que les os, en apparence si durs, sont en réalité d'une matière si malléable que la pression des parties molles environnantes, le frottement ou l'effort d'un muscle, la dilatation d'un vaisseau sanguin, le progrès d'une tumeur, y impriment des sillons, des fossettes, des excavations profondes, des saillies sensibles; quand même il soit évident que la forme et la force des muscles subissent, dans une certaine mesure, l'influence de l'activité ou du repos des organes, qu'il y a harmonie, dans l'anatomie de tous les vertébrés, entre la forme et la fonction des différentes parties de leur système musculaire, et que l'exercice de celles-ci en amène le déploiement, est-ce à dire que la structure générale du squelette ne soit pas immodifiable ?

M. Marey peut croire le contraire, mais rien dans ce qu'il enseigne, sur l'élasticité des os et des muscles (1), ne conduit à penser que l'on puisse modifier le principe spécifique en opérant sur l'enveloppe qui le recouvre, par « une modification graduelle des conditions de travail mécanique, d'alimentation, de lumière ou d'obscurité, de température ou de pression atmosphérique. »

Qu'à l'aide de ces moyens, on provoque, plus rapidement que ne le font les influences naturelles, les changements superficiels dont les organismes sont susceptibles, cela ne saurait être, aujourd'hui, l'objet d'un doute ; mais que l'art, faisant ce que ne fait pas

____

(1) *Histoire naturelle des corps organisés.* — Revue des Cours scientifiques, mars 1873.

la nature, pousse une espèce à se modifier dans un sens qui l'éloigne, sous le rapport physiologique, des conditions inhérentes au plan même de l'organisation de ses progéniteurs, cela ne trouve aucun point d'appui dans les constatations de la zootechnie, touchant les effets modificateurs exercés par les milieux climatologiques sur les formes animales ou végétales. Jamais les modifications subies par les éléments anatomiques de l'animal ou de la plante ne sont autre chose que des modifications limitées de consistance, de configuration ou de couleur. Jamais ces atteintes à la quantité ou à la façon des matériaux organiques n'ébranlent leur spécificité, ne changent le moindrement leur physiologie propre.

Il est certainement très-utile à la médecine et à la chirurgie, de savoir que « l'os est comme une cire molle qui cède à toutes les forces extérieures et dont la forme est celle que lui permettent d'avoir les parties molles dont il est environné » ; mais, pour sûr, cette notion ne vient aucunement au secours du transformisme tératologique.

L'hybridité n'est aussi qu'une circonstance fortuite et passagère, comme la monstruosité. Rare parmi les végétaux sauvages, elle est presque introuvable parmi les animaux non domestiques. Elle s'impose quelquefois à l'inertie de ceux-là ; la mobilité de ceux-ci la repousse ordinairement. En un mot, la nature libre n'entend célébrer que des mariages d'inclination exclusivement renfermés dans l'espèce, car les genres, même les plus rapprochés par les mœurs ainsi que par la forme, se séparent, les uns des autres, pour procréer.

L'homme, il est vrai, change cet état de choses, dans le domaine de son industrie ; mais s'il parvient à unir des espèces ou des genres différents, il ne sort jamais, de ces croisements, que des produits imparfaits et une fécondité d'autant moins durable que les espèces mariées, en dépit de la loi naturelle, s'opposent réciproquement plus d'antipathies organiques.

Bien des auteurs, après Linnée, ont considéré comme hybride toute plante qui, intermédiaire entre deux espèces, ne pouvait se rapporter ni à l'une, ni à l'autre ; mais des observations plus exactes ont établi que ces prétendus hybrides de la flore étaient généralement des genres ou des races que certains caractères d'apparence insolite avaient fait distraire de la classification spécifique. C'est dommage, car s'il était possible d'attribuer à des alliances adultérines et les animaux et les végétaux qui touchent à deux espèces sans se rapporter exactement à aucune d'elles, le transformisme trouverait là un sérieux argument.

Entre les espèces animales les plus voisines, sous le double point de vue de la structure et de l'instinct, et dont on a le plus souvent essayé d'obtenir des produits bigénères par des accouplements d'ailleurs faciles, on peut citer le cheval et l'âne, la chèvre et le mouton, le lièvre et le lapin, le canari et le serin. On sait ce qu'il advient de la progéniture de ces conjoints par violence. Celle de la jument et de l'âne ou de l'ânesse et du cheval, ainsi que celle du mouton et de la chèvre, est absolument infructueuse.

S'il arrive exceptionnellement qu'une femelle hybride de l'espèce chevaline ou de l'espèce ovine vienne à être fécondée, ses produits ne vivent pas. Par contre, les hybrides provenant du lièvre et du lapin, ou du serin et du canari, sont féconds, mais ils le sont temporairement. Leur descendance mal venue s'étiole et s'arrête, après quelques générations, pour revenir à l'un des types progéniteurs, soit par la réversion spontanée, soit par l'extinction graduelle de l'une des deux lignées hybrides.

Il en est de même pour les plantes : les espèces végétales, ainsi que les espèces animales, sont rebelles à l'hybridation et s'y soustraient, comme ces dernières, par l'infécondité ou par le retour du côté de l'une des espèces croisées. L'expérience n'a constaté aucun fait qui soit de nature à faire croire qu'un végétal, mieux qu'un animal, peut dévier d'une manière décisive (1).

Au contraire, pour l'un et l'autre règne, l'expérience a démontré que, entre deux espèces, même très-voisines, il y a toujours des différences, soit dans la conformation des organes génitaux, soit dans la composition des tissus du corps, dans la composition du sang, de la sève ou de l'élément fécondant, soit enfin dans le mode et la durée de la gestation ou de la germination, et que ce défaut d'homogénéité fait

(1) M. Bertillon, *Valeur de l'hypothèse transformiste*, Bulletins de la Société d'anthropologie, tome 5.

obstacle à ce que l'hybridation devienne un moyen
d'obtenir des produits durables. Jamais les générations d'hybrides n'ont fondé une race, ni même une
variété. A plus forte raison sont-elles impuissantes
à créer des espèces nouvelles.

« Peu importe, dit M. Broca, que les hybrides
soient plus ou moins parfaits, qu'ils soient doués ou
non de la fécondité continue. Dès le moment que la
fécondation est possible entre deux espèces, le produit,
quel qu'il soit, témoigne de leur analogie organique,
de la similitude de leurs ovules et de leur liqueur
fécondante. »

Personne ne le conteste, il existe des analogies
organiques et des similitudes histologiques entre deux
espèces qui peuvent se féconder ; mais des analogies
et des similitudes ne sont pas des semblables ; le
savant professeur le sait mieux que nous. Les semblables se fusionnent, s'absorbent et s'assimilent en
s'unissant. Les analogies et les similitudes se rapprochent, s'entremêlent, mais ne se confondent
jamais inséparablement, même dans le règne inorganique, même dans la greffe des plantes. Un métal mêlé
à d'autres métaux ne se dénature pas ; l'analyse chimique le retrouve toujours dans l'alliage où il est
entré. Une plante entée sur une autre plante ne perd
rien de son essence spécifique pour se nourrir d'une
sève qui n'est pas exactement semblable à la sienne.

Qu'y a-t-il donc, dans le fait d'hybridité, dont on
puisse se prévaloir au profit de l'hypothèse transformiste ? La nature, dit-on, doit faire en grand ce que

l'homme fait en petit, et doit le faire plus complétement que lui. Mais non ; la nature ne fait réellement
que ce qu'on la voit faire, des éléments, des matériaux, des modèles ébauchés. La culture et la domestication ne sont pas plus son ouvrage qu'aucun autre
des arts humains. L'homme en moins, dans l'univers,
les différents règnes de la nature ne présentent plus,
pour ainsi dire, que des ferments. L'homme lui-
même n'est que de la matière ouvrée et façonnée par
la culture.

Ainsi, qu'elle se produise naturellement ou artificiellement, l'hybridation ne paraît pas être un moyen
sûr de jeter l'espèce hors de chez elle, de la pousser
à changer de mœurs en même temps que de forme.
« Si l'espèce changeait, écrivait Flourens, l'hybridation serait assurément le moyen le plus efficace
d'opérer ce changement ; l'hybridation est, au contraire, le moyen qui met le plus complétement en son
jour la fixité de l'espèce. »

C'est bien là en effet qu'est la porte par où la transformation devrait passer pour faire son chemin ; mais
l'atavisme garde cette issue et y arrête les transfuges,
pour les ramener sous la loi commune de la famille.
Nous sommes convaincu que si l'hybridité n'était pas,
dans la nature, un incident fugitif, sans conséquences
futures, aussitôt effacé qu'il s'est produit, M. Darwin
n'eût pas manqué d'en faire la cheville ouvrière de
son système de transformation, au lieu d'y faire intervenir le fabuleux travail d'une sélection idéale.

Finalement, si la race varie et se modifie au gré

d'influences naturelles, dont l'homme multiplie les effets, l'espèce ne change ni par l'action de la nature, ni par l'action humaine. C'est pertinemment établi : 1° par la permanence régionale des races naturelles ; 2° par l'impossibilité d'imprimer aux races artificielles des oscillations qui les jettent au delà des alentours du type spécifique ; 3° par la nullité des accidents tératologiques, en tant que causes de déviation ; 4° par l'impuissance de l'hybridation à constituer des types intermédiaires persistants ; 5° par le caractère factice et conditionnel de tout ce que la domestication et la culture produisent de diversités.

Comme chez l'homme et chez les animaux qu'il asservit à ses besoins ou à ses fantaisies, comme chez les plantes, dont il amplifie, soit la floraison, soit la fructification, l'espèce peut se diviser et se subdiviser en rameaux très-nombreux et très-différents d'aspect ; mais quelque diversifiées que soient les enveloppes dont elle se recouvre, ce qui est dessous demeure immodifiable et inaltérable.

En un mot, les variations de la race sur le pivot de l'espèce n'atteignent jamais celle-ci dans son objet spécifique, nous voulons dire dans son caractère moral, qu'il ait pour base l'entendement humain, l'instinct animal ou l'essence végétale.

FIN.

TABLE DES MATIÈRES

PREMIÈRE PARTIE.

Prémisses.

DEUXIÈME PARTIE.

Discussion générale.

TROISIÈME PARTIE.

Fixité de l'espèce.

QUATRIÈME PARTIE.

Variabilité de la race.

FIN DE LA TABLE.

2273. Abbeville. — Imp. Briez, C. Paillart et Retaux